油田企业模块化、实战型技能培训系列教材

轻烃回收装置操作岗
技能操作标准化培训教程

丛书主编　陈东升
本书主编　吕红波

中国石化出版社
·北京·

图书在版编目(CIP)数据

轻烃回收装置操作岗技能操作标准化培训教程/陈东升，吕红波主编．—北京：中国石化出版社，2023.9
油田企业模块化、实战型技能培训系列教材
ISBN 978-7-5114-7235-9

Ⅰ.①轻…　Ⅱ.①陈…　②吕…　Ⅲ.①轻烃回收装置-操作-技术培训-教材　Ⅳ.①TE93

中国国家版本馆 CIP 数据核字(2023)第 165852 号

中国石化出版社出版发行
地址:北京市东城区安定门外大街 58 号
邮编:100011　电话:(010)57512500
发行部电话:(010)57512575
http://www.sinopec-press.com
E-mail:press@sinopec.com
北京科信印刷有限公司印刷
全国各地新华书店经销
*
787 毫米×1092 毫米 16 开本 12 印张 291 千字
2023 年 10 月第 1 版　2023 年 10 月第 1 次印刷
定价:88.00 元

油田企业模块化、实战型技能培训系列教材
编委会

《轻烃回收装置操作岗技能操作标准化培训教程》编委会

主　　任　段卫峰

委　　员　刘　光　盛　伟　赵发军　许　峰

编写组

主　　编　吕红波

副 主 编　张相兵　赵开北　卫　巍

编写人员　崔连来　龚飞建　杨　泉　曹玉超　毛　彬

　　　　　程源洪　宫壮壮　秦晓磊　彭小龙　王淑芳

审核组

主　　审　陈国才

审核人员　刘　梅　刘元直　胡德东　曹胜良　罗海滨

序　言

为贯彻落实中原石油勘探局有限公司、中原油田分公司（以下简称中原油田）人才强企战略，通过开展专项技能培训和考核，全面提升技能操作人员工作水平，促进一线生产提质增效，由中原油田人力资源部牵头，按照相关岗位学习地图，分工种编写了系列教材——《油田企业模块化、实战型技能培训系列教材》，本书是其中一本。

本书具有鲜明的实战化特点，所有内容模块都围绕生产实际业务或操作项目设置，既能成为提升实际工作能力的培训教材，也可以作为指导岗位操作的工具书。其内容具备系统性，既包括施工前准备、执行操作流程、操作要点与质量标准，也包括安全注意事项及事故应急处理等内容，体现了“以操作技能为核心”的特点。所有编写人员均来自基层单位，有基层技能操作专家，也有技术骨干等，真正体现出“写我所干，干我所写”的理念。

本书可供相关工种员工的日常学习，以及基层单位组织集中培训、岗位练兵等使用，每本教材后都附有本工种学习地图，使本工种各技能等级员工都能找到自己的努力方向和学习内容，为广大员工开展个性化岗位学习、提高学习效率点亮一盏指路明灯。

同时，本书也向广大读者传达一种“学、做翻转”的人才培训思路：打破参加培训就是到课堂学习知识的传统思维方式，把“学习知识、了解流程、掌握标准”的活动放在工作岗位，通过对教材内容的学与练，提升职业技能水平；只有遇到岗位学习或工作中难以解决的问题时，才考虑参加集中培训，通过对具体问题解决过程的体验、学习与感悟，提升学习者解决实际问题的能力。

当然，本书的编写也是实战型培训教材开发的初步实践，尽管广大编者尽其所能投入编写，也难免存在不妥之处。期望广大读者、培训教师、技术专家及培训工作者多提宝贵意见，以促进教材质量不断提高。

《油田企业模块化、实战型技能培训系列教材》编写委员会

前　言

为加强培训资源建设，深入推进全员培训，中原油田梳理了近些年的培训教材，调研了企业的培训需求，开发了油田企业模块化、实战型技能培训系列教材。教材的编写出版，构建起中原油田实际操作的技能培训教材体系。这套教材围绕企业生产经营对岗位能力的要求、队伍建设和员工成长的需要，以提高全体员工履行岗位职责的实际工作能力为重点，把研究和解决生产经营、改革发展面临的新挑战、新情况、新问题作为重要目标，把全体员工在实践中创造的好经验、好做法作为重要内容，具有较强的实践性和针对性。

《轻烃回收装置操作岗技能操作标准化培训教程》是面向轻烃回收装置操作人员所需岗位技能而编写的培训教材。教材的编写本着以职业活动为导向、以职业技能为核心、统一规范和科学实用性的原则，结合人才培养的梯次性需要，内容力争涵盖初级工、中级工、高级工和技师应掌握的岗位操作技能，突出教材的模块化。本书是基于上古天然气处理总厂的工艺及设备编制，综合大型天然气处理装置轻烃操作人员的工作特点、操作技能及新技术的发展现状，结合大型机组的运行与维护，以解决生产业务实际问题为重点，提炼各岗位工艺及设备操作要点、安全注意事项应急处置等，可有效提高岗位操作人员的风险辨识能力和标准化操作技能，突出教材的安全性与实用性。

全书共分五个单元：单元一为预处理单元操作，编写人为卫巍、崔连来。单元二为液烃回收分离单元操作，其中工艺操作部分由龚飞建、杨泉编写，设备操作部分由毛彬编写。单元三为乙烷脱碳脱水单元操作，其中工艺操作部分由崔连来编写，设备操作部分由宫壮壮编写。单元四为压缩单元操作，其中冷剂压缩机与尾气压缩机操作由赵开北编写，贫气压缩机、丙烷压缩机、BOG压缩机由程源洪编写。单元五为天然气处理装置开停机操作，其中辅助装置开停机操作由吕红波、彭小龙、秦晓磊编写，主装置开停机操作由吕红波、曹玉超、卫巍、崔连来编写。

由于编者水平有限，书中难免存在疏漏和错误，恳请广大读者提出宝贵意见。

目　　录

单元一　预处理单元操作……（1）
模块一　预处理单元工艺操作……（1）
项目一　相关知识……（1）
项目二　粉尘过滤器投运……（2）
项目三　粉尘过滤器停运……（3）
项目四　脱汞塔投运……（4）
项目五　脱汞塔停运……（5）
项目六　干燥塔投运……（6）
项目七　干燥塔停运……（8）
模块二　预处理单元设备操作……（10）
项目一　再生气压缩机启机……（10）
项目二　再生气压缩机停机……（12）
单元二　液烃回收分离单元操作……（14）
模块一　液烃回收分离单元工艺操作……（15）
项目一　相关知识……（15）
项目二　低温分离器投运……（16）
项目三　低温分离器停运……（17）
项目四　冷箱投运……（18）
项目五　冷箱停运……（20）
项目六　脱甲烷塔塔底重沸器投运……（21）
项目七　脱甲烷塔塔底重沸器停运……（23）

项目八　脱甲烷塔投运…………………………………………………………（24）
项目九　脱甲烷塔停运…………………………………………………………（25）
项目十　脱乙烷塔投运…………………………………………………………（27）
项目十一　脱乙烷塔停运………………………………………………………（28）
项目十二　液化气塔投运………………………………………………………（29）
项目十三　液化气塔停运………………………………………………………（31）
项目十四　水冷器投运…………………………………………………………（32）
项目十五　水冷器停运…………………………………………………………（33）
项目十六　重沸器投运…………………………………………………………（34）
项目十七　重沸器停运…………………………………………………………（35）
项目十八　脱乙烷塔进料换热器投运…………………………………………（36）
项目十九　脱乙烷塔进料换热器停运…………………………………………（37）
模块二　液烃回收分离单元设备操作…………………………………………（38）
项目一　膨胀机启机……………………………………………………………（38）
项目二　膨胀机停机……………………………………………………………（39）
项目三　脱甲烷塔塔底泵启机…………………………………………………（41）
项目四　脱甲烷塔塔底泵停机…………………………………………………（43）
项目五　侧线泵启机……………………………………………………………（46）
项目六　侧线泵停机……………………………………………………………（48）
项目七　乙烷回流泵启机………………………………………………………（51）
项目八　乙烷回流泵停机………………………………………………………（53）
项目九　液化气回流泵启机……………………………………………………（56）
项目十　液化气回流泵停机……………………………………………………（58）
项目十一　液化气塔空冷器启机………………………………………………（61）
项目十二　液化气塔空冷器停机………………………………………………（63）
单元三　乙烷脱碳脱水单元操作………………………………………………（68）
模块一　乙烷脱碳脱水单元工艺操作…………………………………………（68）
项目一　乙烷脱碳装置吸收塔和再生塔投运…………………………………（68）

项目二　乙烷脱碳装置吸收塔和再生塔停运 ………………………………………… （70）
项目三　乙烷脱水装置投运 …………………………………………………… （71）
项目四　乙烷脱水装置停运 …………………………………………………… （73）
模块二　乙烷脱碳脱水单元设备操作 ………………………………………… （75）
项目一　贫液增压泵启机 ……………………………………………………… （75）
项目二　贫液增压泵停机 ……………………………………………………… （78）
项目三　贫液循环泵启机 ……………………………………………………… （82）
项目四　贫液循环泵停机 ……………………………………………………… （86）
项目五　半贫液增压泵启机 …………………………………………………… （89）
项目六　半贫液增压泵停机 …………………………………………………… （93）
项目七　半贫液循环泵启机 …………………………………………………… （97）
项目八　半贫液循环泵停机 …………………………………………………… （100）
单元四　压缩单元操作 ………………………………………………………… （106）
模块一　贫气压缩机启停机 …………………………………………………… （106）
项目一　贫气压缩机启机 ……………………………………………………… （106）
项目二　贫气压缩机停机 ……………………………………………………… （109）
模块二　冷剂压缩机启停机 …………………………………………………… （112）
项目一　冷剂压缩机启机 ……………………………………………………… （112）
项目二　冷剂压缩机停机 ……………………………………………………… （115）
模块三　丙烷压缩机启停机 …………………………………………………… （118）
项目一　丙烷压缩机启机 ……………………………………………………… （118）
项目二　丙烷压缩机停机 ……………………………………………………… （121）
模块四　尾气压缩机启停机 …………………………………………………… （123）
项目一　尾气压缩机启机 ……………………………………………………… （123）
项目二　尾气压缩机停机 ……………………………………………………… （127）
模块五　BOG 压缩机启停机 …………………………………………………… （129）
项目一　BOG 压缩机启机 ……………………………………………………… （129）
项目二　BOG 压缩机停机 ……………………………………………………… （131）

单元五　天然气处理装置开停机操作……………………………………………………（133）
模块一　辅助装置开停机操作……………………………………………………（133）
项目一　辅助装置开机操作……………………………………………………（133）
项目二　辅助装置停机操作……………………………………………………（151）
模块二　主装置开停机操作……………………………………………………（155）
项目一　主装置开机操作……………………………………………………（155）
项目二　主装置停机操作……………………………………………………（166）
附录　轻烃回收装置操作岗技能操作学习地图……………………………………（177）

单元一　预处理单元操作

模块一　预处理单元工艺操作

项目一　相关知识

为防止下游液烃回收装置深冷系统发生冰堵，需对原料气进行深度脱水，脱水后干天然气的水露点低于0.1ppm(液烃深冷温度 −98℃)($1ppm = 10^{-6}$)。另外，液烃回收装置的冷箱为铝合金材质，为避免冷箱发生汞腐蚀，需要将原料天然气中汞含量降至$10ng/m^3$以下。

原料气中汞的存在对工艺设备及化工生产造成很大影响：①原料气中的汞和铝制换热器发生汞合作用，使换热器腐蚀甚至穿孔，造成原料气泄漏，极易发生不安全事故；②原料中的汞流入下游装置，使下游昂贵的催化剂中毒，大大降低寿命；③汞的附着能力较强，吸附在设备、管道和运输容器的器壁上，导致无汞原料的事故性污染；④汞是油和气中最严重的毒性物质，未脱除汞的油和气燃烧后，汞会进入大气造成环境污染。

目前国内外常用的脱汞方法包括两大类：一种是物理方法，一种是化学方法。物理方法脱汞主要是采用天然气节流膨胀产生低温，使原料气中的汞蒸气冷凝然后进行分离。化学吸附法脱汞时，汞可以从液相或气相变为固态固定在催化剂上，从而避免汞蒸气对下游设备的污染。化学脱汞方法包括三种：载硫活性炭、金属硫化物和载银分子筛。

水是天然气中最令人讨厌的杂质之一，在天然气加工过程中由于采用低温，为防止水在低温下形成固体堵塞冷箱、膨胀机出口及脱甲烷塔顶低温部位，因此要求脱除天然气中的水。

天然气脱水的方法有冷却法、吸收法和吸附法等。目前，普遍采用吸收法及吸附法脱水。吸收法采用液体吸收剂(液体干燥剂)及氯化物盐溶液作脱水吸收剂。常用的液体吸收剂为甘醇类化合物，氯化物盐溶液为氯化钙水溶液。吸附法采用固体吸附剂(固体干燥剂)脱水，采用的脱水吸收剂为氧化铝、硅胶和分子筛。

吸附法脱水是根据吸附原理，选择某些多孔性固体吸附天然气中的水蒸气。被吸附的水蒸气称为吸附质，吸附水蒸气的固体称为吸附剂或干燥剂。固体吸附剂脱水装置的投资和操作费用比甘醇脱水装置要高，故一般是在甘醇法脱水满足不了天然气露点要求时才采用吸附法脱水。在天然气脱水中主要使用的吸附剂有活性铝土和活性氧化铝、硅胶及分子筛三大类。

采用不同吸附剂的天然气脱水工艺流程基本相同，干燥器(吸附塔)都采用固定床。由于吸附剂床层在脱水操作中被水饱和后需要再生，故为了保证装置连续操作至少应有两个干燥器。在两塔(即两个干燥器)流程中，一个干燥器进行脱水，另一个干燥器进行再生

(加热和冷却)，然后切换操作：在三塔或多塔流程中，切换流程则有所不同。

吸附法的优点是：

①脱水后的下气露点可低至 -100℃，相当于水含量为 0.8mg/m^3；

②对进料气压力、温度及流量的变化不敏感；

③无严重的腐蚀及起泡。

项目二　粉尘过滤器投运

1　项目简介

粉尘过滤器通常采用卧式结构，带卡箍式快开盲板，利用多孔的过滤物体使含尘气流在惯性碰撞、拦截、扩散、静电力和重力等作用下，脱除原料气中携带的游离液和粉尘、杂质。

2　操作前准备

(1)穿戴齐劳保服装，主要包括防静电工服、防静电绝缘鞋、安全帽、手套。

(2)准备相关操作工具：防爆 F 扳手、防爆对讲机。

3　操作步骤

3.1　操作前检查

(1)确认电气、仪表、阀门投用正常。

(2)填料已装填完毕。

(3)确认装置已完成氮气置换、天然气置换与严密性试验。

(4)上下游流程已导通。

3.2　操作步骤

(1)打开入口过滤器入口阀。

(2)打开入口过滤器出口阀。

(3)将液位控制阀设为手动模式。

(4)当投运后将液位控制阀设为自动模式。

4　操作要点

(1)设备运行时注意维持压力、液位的平稳。

(2)注意现场磁翻板液位计的液位显示同远传至中控室的液位显示一致。

5　安全注意事项

(1)开关阀门时应缓慢用力，禁止用工具敲击阀门。

(2)应严格按照操作步骤操作。

6　突发事件应急处理

突发事件应急处理要求见表 1-1-2-1。

表 1-1-2-1　突发事件应急处理

步骤	处置	负责人
现场发现泄漏	迅速关闭入口阀	操作工
报告	1. 向当班班长及值班调度汇报	操作工
	2. 调度立即通知维保人员	调度

续表

步骤	处置	负责人
应急处置措施	1. 在维保人员未到达现场前，班长立即组织人员对泄漏点实施监控	班长
	2. 维保人员到达现场组织抢修	维保人员
应急终止	维修完毕并试漏合格后，向调度汇报应急终止	班长

拓展知识阅读推荐：

王强．天然气脱水分子筛后粉尘过滤器改造．化工管理，2019，30.

项目三　粉尘过滤器停运

1　项目简介

由于粉尘过滤器差压过高、装置检修等原因，需要对过滤器进行停运操作。

2　操作前准备

(1)穿戴齐劳保服装。主要包括防静电工服、防静电绝缘鞋、安全帽、手套。

(2)准备相关操作工具：防爆 F 扳手、防爆对讲机。

3　操作步骤

(1)切断入口过滤器入口阀。

(2)切断入口过滤器出口阀。

(3)停运后将液位控制阀设为手动模式。

4　操作要点

(1)设备停运后注意压力，液位的平稳，长期停运需要排液泄压。

(2)注意现场磁翻板液位计的液位显示同远传至中控室的液位显示一致。

5　安全注意事项

(1)开关阀门时应缓慢用力，禁止用工具敲击阀门。

(2)应严格按照操作步骤操作。

6　突发事件应急处理

突发事件应急处理见表 1 –1 –3 –1。

表 1 –1 –3 –1　突发事件应急处理

步骤	处置	负责人
现场发现泄漏	迅速关闭入口阀	操作工
报告	1. 向当班班长及值班调度汇报	操作工
	2. 调度立即通知维保人员	调度
应急处置措施	1. 在维保人员未到达现场前，班长立即组织人员对泄漏点实施监控	班长
	2. 维保人员到达现场组织抢修	维保人员
应急终止	维修完毕并试漏合格后，向调度汇报应急终止	班长

拓展知识阅读推荐：

王强．天然气脱水分子筛后粉尘过滤器改造．化工管理，2019，30.

项目四　脱汞塔投运

1　项目简介

预处理装置对原料天然气进行深度脱汞处理以满足低温精馏对来气中汞含量的要求，满足要求的原料天然气进入液烃回收装置。

2　操作前准备

(1)穿戴齐劳保服装。主要包括防静电工服、防静电绝缘鞋、安全帽、手套。

(2)准备相关操作工具：防爆 F 扳手、防爆对讲机。

3　操作步骤

3.1　操作前检查

(1)确认电气、仪表、阀门投用正常。

(2)脱汞剂已装填完毕。

(3)确认装置已完成氮气置换、天然气置换与严密性试验。

(4)上下游流程已导通。

3.2　操作步骤

(1)使用 F 扳手缓慢打开脱汞塔进口阀旁通阀门给过滤器充压，充压速率控制在≤0.3MPa/min，压力达到系统压力后，关闭脱汞塔进口阀旁通阀门。

(2)确认上下游压力平衡后，打开进出口电动阀。

(3)向主控室进行汇报，并做好记录。

4　操作要点

(1)充压时阀门要缓慢打开，严格按照充压速率进行，压力平衡后方可打开进出口阀门。

(2)按要求填写操作票。

(3)检查确认现场排污放空阀门关闭。

5　安全注意事项

(1)开关阀门时应缓慢用力，禁止用工具敲击阀门，电动阀要观察其开关状态和开关速度。

(2)脱汞塔压差控制在 50kPa 以内。

(3)冬季生产注意检查排污管线电伴热正常。

(4)定期取样检查天然气脱汞情况。

(5)脱汞剂达到使用年限后必须更换。

6　突发事件应急处理

突发事件应急处理见表 1－1－4－1。

表 1－1－4－1　突发事件应急处理

步骤	处置	负责人
现场发现泄漏	迅速关闭入口阀	操作工
报告	1. 向当班班长及值班调度汇报	操作工
	2. 调度立即通知维保人员	调度

续表

步骤	处置	负责人
应急处置措施	1. 在维保人员未到达现场前，班长立即组织人员对泄漏点实施监控	班长
	2. 维保人员到达现场组织抢修	维保人员
应急终止	维修完毕并试漏合格后，向调度汇报应急终止	班长

拓展知识阅读推荐：

夏静森．海南福山油田天然气脱汞技术．天然气工业，2007，7.

项目五　脱汞塔停运

1　项目简介

当脱汞塔出现差压过高无法降低、脱汞剂污染、装置停机等状况时，需要对脱汞塔进行停运操作。

2　操作前准备

(1)穿戴齐劳保服装，主要包括防静电工服、防静电绝缘鞋、安全帽、手套。

(2)准备相关操作工具：防爆 F 扳手、防爆对讲机。

3　操作步骤

(1)若装置未停机，调节装置处理量，打开脱汞塔旁通阀，待旁通阀全开后，依次关闭脱汞塔进口阀与出口阀。

(2)若装置已停运，依次关闭脱汞塔进口与出口阀门。

4　操作要点

(1)设备停运时注意维持压力平稳。长期停运需泄压。

(2)检查确认现场排污放空阀门关闭。

(3)操作人员加强与中控室的沟通，尤其是装置未停机操作，配合中控室调节装置处理量来停运脱汞塔。

(4)按要求填写操作票。

5　安全注意事项

(1)开关阀门时应缓慢用力，禁止用工具敲击阀门，电动阀要观察其开关状态和开关速度。

(2)应严格按照操作步骤操作。

6　突发事件应急处理

突发事件应急处理见表 1－1－5－1。

表 1－1－5－1　突发事件应急处理

步骤	处置	负责人
现场发现泄漏	迅速关闭入口阀	操作工
报告	1. 向当班班长及值班调度汇报	操作工
	2. 调度立即通知维保人员	调度

续表

步骤	处置	负责人
应急处置措施	1. 在维保人员未到达现场前，班长立即组织人员对泄漏点实施监控	班长
	2. 维保人员到达现场组织抢修	维保人员
应急终止	维修完毕并试漏合格后，向调度汇报应急终止	班长

拓展知识阅读推荐：

夏静森．海南福山油田天然气脱汞技术．天然气工业，2007，7.

项目六　干燥塔投运

1　项目简介

原料天然气通过干燥塔进行脱水处理以满足低温精馏对来气中水含量的要求，满足要求的原料天然气进入液烃回收装置。自脱汞塔来的原料天然气自上而下进入吸附塔，脱水后的天然气进入其出口的脱水粉尘过滤器分离掉携带的分子筛粉尘进入下游液烃回收装置。

以下操作以大型轻烃处理装置常采用的4塔流程进行描述。

2　操作前准备

(1)穿戴齐劳保服装，主要包括防静电工服、防静电绝缘鞋、安全帽、手套。

(2)准备相关操作工具：防爆F扳手、防爆对讲机。

3　操作步骤

(1)导通分子筛脱水塔主流程。打开分子筛脱水塔进出口主程控阀门。

(2)导通分子筛脱水塔再生流程。打开分子筛脱水塔进、出口再生程控阀门。

(3)导通再生流程。打开分子筛脱水加热及冷吹程控阀和旁路程控阀，打开再生气供气流量调节阀前后阀门，打开其旁通阀门；打开再生气换热器贫再生气、富再生气进出口阀门，把其8字盲板置于导通状态；打开再生气分离器再生气进出口手动阀门，打开脱水粉尘过滤器出口至再生气供气手动阀门，关闭贫气来再生气供气手动阀门。

(4)隔离导热油。关闭再生气加热器导热油进出口阀门。

(5)隔离排液。关闭再生气分离器排液管路阀门。

(6)隔离放空。关闭紧急放空管路阀门，打开其上下游的手动阀。

(7)引入天然气。打开集气区出口气动球阀。把预处理装置进口电动阀的旁通管路8字盲板置于导通状态，打开其手动阀门给预处理装置充压。

(8)观测记录。观测装置内压力远传和就地压力表，控制装置内升压速度不大于0.1MPa/min，压力每升高0.5MPa停止升压，检查是否有漏点并按照实际情况处理漏点后继续升压，总升压速率1.0MPa/h，直到压力达到要求完成充压。

(9)关闭气源。关闭预处理装置进口电动蝶阀的旁通手动阀门停止进气。

(10)确认预处理装置充压完成，压力符合运行要求。

(11)对分子筛进行摆塔和活化。把分子筛脱水塔作为首次再生塔不活化，其余3塔作为首次投产的正常吸附塔，按顺序对再生塔进行活化。

(12)隔离旁通。关闭前置粉尘过滤器的旁通阀，关闭脱汞粉尘过滤器的旁通阀，关闭脱水粉尘过滤器的进出口阀。

(13)活化采用手动操作模式。塔作为吸附塔，确认分子筛脱水塔进、出口吸附程控阀处于打开状态，关闭其再生阀。

(14)活化2塔。关闭分子筛脱水塔2进、出口吸附程控阀，打开其再生阀。

(15)关闭分子筛脱水塔3、4进、出口吸附阀和其再生阀。

(16)关闭分子筛脱水塔旁路程控阀和冷吹程控阀，确认加热程控阀处于打开状态。

(17)确认再生气换热器冷流和热流的进、出口手阀处于打开状态，关闭备用换热器冷流和热流的进、出口手阀。

(18)投运再生气流量计量管路。确认再生气内循环来气管路阀门处于打开状态，计量旁路阀处于关闭状态，流量计前后手阀处于打开状态，把调节阀投入手动。

(19)启动再生气空冷器。根据空冷器操作规程启动。

(20)关闭再生气压缩机旁路阀。确认再生气压缩机至脱汞粉尘过滤器气动阀处于打开状态，确认再生气压缩机至脱汞粉尘过滤器手动阀处于打开状态。

(21)准备再生气压缩机的启动，打开再生气压缩机进、出口手阀，打开再生气压缩机进口阀的旁路手阀。

(22)根据再生气压缩机操作规程启动压缩机(冷循环)，观测记录压缩机运行各项参数，正常则压缩机启动结束。

(23)投运导热油。打开再生气加热器导热油进出口阀门，关闭调节阀的旁路阀，关闭再生气换热器导热油旁路阀，调节阀置于手动状态，调节阀的预开度设置为满开度的20%。

(24)投运计时器，观测和记录再生气流量、导热油流量、再生气各节点温度上升情况，手动调整调节阀的开度，每次开度1%，直到再生气温度达到285℃时停止调节阀的调节，当时间达到5h且再生气出塔温度达到265℃时，则分子筛脱水塔2活化完成。

(25)活化3塔。首先打开分子筛脱水塔3进、出口再生阀，关闭分子筛脱水塔2进、出口再生阀，对塔3进行活化。

(26)重新计时，当时间达到5h且再生气出塔温度达到265℃，则分子筛脱水塔3活化完成。

(27)活化4塔。打开分子筛脱水塔4进、出口再生阀，关闭分子筛脱水塔3进、出口再生阀，对塔4进行活化。

(28)重新计时，当时间达到5h且再生气出塔温度达到265℃，则分子筛脱水塔4活化完成，整个摆塔完成。

(29)对塔4进行冷吹，停止导热油的加热，关闭调节阀直至其开度为0，打开冷吹程控阀，关闭加热程控阀，观测再生气出塔4的温度，当其温度降低至50℃则冷吹结束。

(30)对塔3进行冷吹，打开塔3进、出口再生程控阀，关闭塔4进、出口再生程控阀，观测再生气出塔3的温度，当其温度降低至50℃则冷吹结束。

(31)对塔2进行冷吹，打开塔2进、出口再生程控阀，关闭塔3进、出口再生程控阀，观测再生气出塔3的温度，当其温度降低至50℃则冷吹结束。

4　操作要点

(1)投运时注意维持压力、液位、温度平稳。

(2)检查确认现场排污放空阀门关闭。

(3)注意现场磁翻板液位计的液位显示同远传至中控室的液位显示一致。

5 安全注意事项

(1)开关阀门时应缓慢用力，禁止用工具敲击阀门，电动阀要观察其开关状态和开关速度。

(2)应严格按照操作步骤操作。

6 突发事件应急处理

突发事件应急处理见表1－1－6－1。

表1－1－6－1 突发事件应急处理

步骤	处置	负责人
现场发现泄漏	迅速切断泄漏工艺段	操作工
报告	1. 向当班班长及值班调度汇报	操作工
	2. 调度立即通知维保人员	调度
应急处置措施	1. 在维保人员未到达现场前，班长立即组织人员对泄漏点实施监控	班长
	2. 维保人员到达现场组织抢修	维保人员
应急终止	维修完毕并试漏合格后，向调度汇报应急终止	班长

拓展知识阅读推荐：

王乐．天然气脱水系统的技术改造．天然气工业，2005，25(8).

项目七 干燥塔停运

1 项目简介

自脱汞塔来的原料天然气自上而下进入吸附塔，经脱水后的天然气进入其出口的脱水粉尘过滤器，分离掉携带的分子筛粉尘进入下游液烃回收装置。

2 操作前准备

(1)穿戴防静电工衣、工裤、工鞋，戴好安全帽、手套。

(2)携带小号、中号防爆F扳手各一把。

3 操作步骤

(1)中控室停运干燥塔顺控程序。

(2)中控人员缓慢关闭再生气加热器导热油阀门，现场人员微开再生气加热器导热油旁通阀。

(3)长期停运需关闭进出口阀门并泄压。

4 操作要点

(1)停运时注意维持压力、液位、温度平稳。

(2)停运时及时调整热油温度。

5 安全注意事项

(1)开关阀门时应缓慢用力，禁止用工具敲击阀门，电动阀要观察其开关状态和开关速度。

(2)应严格按照操作步骤操作。

6　突发事件应急处理

突发事件应急处理见表1－1－7－1。

表1－1－7－1　突发事件应急处理

步骤	处置	负责人
现场发现泄漏	迅速切断泄漏工艺段	操作工
报告	1. 向当班班长及值班调度汇报	操作工
	2. 调度立即通知维保人员	调度
应急处置措施	1. 在维保人员未到达现场前，班长立即组织人员对泄漏点实施监控	班长
	2. 维保人员到达现场组织抢修	维保人员
应急终止	维修完毕并试漏合格后，向调度汇报应急终止	班长

拓展知识阅读推荐：

王乐．天然气脱水系统的技术改造．天然气工业，2005，25(8).

模块二　预处理单元设备操作

项目一　再生气压缩机启机

1　项目简介

再生气压缩机的主要作用是对再生气进行增压，当再生气压力不能达到工艺要求压力时，要启动再生气压缩机进行增压，确保再生气压力和流量达到工艺要求。

再生气经常温冷却后进入再生气空冷器冷却，经再生气压缩机增压后至配气区与外输贫天然气汇合后外输。如果再生气压缩机出现故障后，可采用备用的再生气循环流程，即再生湿气不进入配气区而是进入脱汞后的原料天然气中再次进入分子筛脱水塔内二次脱水。

2　操作前准备

(1)穿戴齐劳保服装，主要包括防静电工服、防静电绝缘鞋、安全帽、手套。

(2)准备相关操作工具：防爆 F 扳手、防爆对讲机。

3　操作步骤

3.1　启泵前的准备

(1)检查现场主电机、就地电气操作柱、PLC 控制柜供电正常，就地电气操作柱打至远程，配电系统打至远程(电气专业操作)。

(2)检查现场压力表、变送器投运正确，自力调压阀设定正确，仪表风供给正常，现场控制柜正压通风系统已投运，自控仪表系统调试正常。

(3)检查冷却水温度 30℃左右，投运油冷器冷却水。

(4)检查二级机封隔离气氮气压力 0.6MPa 左右，打开供气阀门，检查设定自力调节阀参数正常。

(5)检查主机封气流程通畅无泄漏点，过滤器压差正常。

(6)打开主机密封气管线低点排凝口进行排凝。

(7)检查润滑油油位在控制范围；检查润滑油温度及压力，均具备启机条件；检查润滑油加热器，温控正常。启机前可手动开启辅助油泵检查辅助油泵出口压力及油系统管路是否有漏点。检查油滤器压差在控制范围。

(8)检查启动阀关闭，其前手阀打开；加载阀关闭，其前手阀、后手阀打开；旁通阀关闭，处于关闭状态，其前手阀、后手阀打开；手动放空阀关闭。为保证平稳，工艺操作人员可调整加载阀前手阀、后手阀开度，控制充压速度；检查防喘阀处于全开状态。正常生产流程时至配气区阀门处于打开状态，至脱汞粉尘过滤器阀门处于关闭状态。启动分子筛活化流程时至配气区阀门关闭，至脱汞粉尘过滤器阀门打开。手动打开压缩机壳体排污阀进行排污，排污后关闭。启动再生气空冷器，无异常。

3.2　启机

(1)现场操作柱切换至远程。

(2)在 DCS 或 PLC 操作界面上检查机组所有允许启动条件均满足，机组无紧急停车信号和 SIS 联锁停机信号，所有联锁置于投入状态。

(3)DCS 画面上再生气流量调节阀开度置于合适位置，保证再生气流量，防止启机电流过大，微开出口阀。

(4)本地操作柱启动：按下启动主机按钮，系统按照启机时序自动启动。本地 PLC 启动：按下系统启动按钮，系统按照启机时序自动启动。

(5)调整出口阀开度控制压缩机入口压力、流量、电机电流在控制范围，防喘阀按程序自动调整。

(6)运行中检查：观察工艺参数及设备参数是否处于正常状态，如偏离正常及时调整。在中控室及现场检查确认油压、油温、电机电流、定子温度、电机下轴承温度(测量工具：测温枪)、密封气放空流量、振动等关键参数在控制范围。

4　操作要点

(1)机组运行时在操作柱上切换就地和远程时会导致电机断电。

(2)PLC 界面选择工作模式 + 中控控制，则机组由 DCS 控制。若选择工作模式 + 机柜控制，则机组由 PLC 控制启停。

(3)调试模式可用于纯手动开机。调试模式下可以手动操作阀门、辅助油泵及加热器。

(4)防喘阀控制模式分为：手动、自动、强制手动。手动模式下可以输入阀门开度来操作阀门开度，当操作不当导致动态工作点接近防喘线时，机组自动接管迅速开大防喘阀。自动模式下由程序控制。强制手动模式下阀门不接受防喘程序控制，可在维护调试阀门时使用，机组运行时禁止使用。

5　安全注意事项

(1)操作过程着劳保装，严格执行作业票制度。

(2)操作完成后，回收相应工具。

6　突发事件应急处理

突发事件应急处理见表 1－2－1－1。

表 1－2－1－1　突发事件应急处理

现象	原因	应急措施
压头不足	流量太高，驱动转向不对，入口压力低，出口到进口的回流太大，电机转速低	检查确保驱动轴的方向必须与机壳上的箭头一致，检查电机转速
齿轮箱油压低	主润滑油泵故障，驱动机机械故障，润滑油进水或工艺气	拆泵和管路检查是否有损坏。拆下联轴器检查压缩机和齿轮箱轴是否能自由转动
密封泄漏量加大	入口流量低(喘振)导致振动和密封面的跳动，炭环密封前端产生碎片。密封磨损。压缩机低温造成大气侧密封冷凝冻结	保证压缩机流量正常。轻微研磨与密封动环面接触的轴套。更换密封。使用干燥的氮气吹扫大气侧密封面

拓展知识阅读推荐：

王海伟. 再生气回收压缩机的应用与维护. 石油和化工设备，2014，11.

项目二　再生气压缩机停机

1　项目简介

再生气经常温冷却后进入再生气空冷器冷却，经再生气压缩机增压后至配气区与外输贫天然气汇合后外输。装置停运或检维修前，需进行再生气压缩机停机。

2　操作前准备

(1)穿戴齐劳保服装，主要包括防静电工服、防静电绝缘鞋、安全帽、手套。

(2)准备相关操作工具：防爆 F 扳手、防爆对讲机。

3　操作步骤

(1)检查、确认再生气压缩机至脱汞后过滤器流程已导通。

(2)现场 PLC 或 DCS 上按下停机按钮，PLC 自动全开防喘阀，关闭进、出口手动阀门。

(3)检查辅助油泵是否自动启动，运转设定时间后辅泵自动停运。

(4)停用二级密封气。

4　操作要点

(1)机组停运后，检维修过程要切断电源。

(2)按要求填写操作票。

5　安全注意事项

(1)操作过程着劳保装，严格执行作业票制度。

(2)操作完成后，回收相应工具。

6　突发事件应急处理

突发事件应急处理见表 1－2－2－1。

表 1－2－2－1　突发事件应急处理

现象	原因	应急措施
现场发生泄漏	作业过程中，由于操作不当造成管线阀门泄漏	切断流程，对泄漏管段泄压，启动应急预案

拓展知识阅读推荐：

王海伟．再生气回收压缩机的应用与维护．石油和化工设备，2014，11.

思考题

1. 简述大气量条件下四塔吸附脱水流程，以单塔吸附周期 30h、再生周期 10h 为例。

答：如原料天然气量大，采用 3 塔吸附、1 塔再生的流程，单塔吸附周期 30h、再生周期 10h(其中加热再生、冷却各 5h)，每 10h 进行吸附再生单塔切换，脱水后的天然气中水含量≤0.1ppm。

自脱汞塔来的原料天然气自上而下进入 3 具吸附塔，脱水后的天然气进入其出口的脱水粉尘过滤器分离掉携带的分子筛粉尘进入下游液烃回收装置。分子筛脱水塔加热再生后需要进行冷却降温，冷吹气仍旧采用外输贫气，冷吹再生气进入分子筛脱水塔的底部，自下而上流动对分子筛床层进行冷却，冷却床层出口温度为 50℃ 时视为冷吹完成，冷吹气依次通过板壳式换热器、再生气空冷器、再生气分离器，经再生气压缩机增压后外输。

2. 简述常用的脱汞方法。

答：常用的脱汞方法包括两大类：一种是物理方法，一种是化学方法。物理方法脱汞主要是采用天然气节流膨胀产生低温，原料气中的汞蒸气冷凝后进行分离。用化学吸附法脱汞时，汞可以从液相或气相变为固态固定在催化剂上，从而避免汞蒸气对下游设备的污染。化学脱汞方法包括三种：载硫活性炭、金属硫化物和载银分子筛。

3. 简述天然气脱汞与脱水的目的。

答：为防止下游液烃回收装置深冷系统发生冰堵，需在预处理装置对原料气进行深度脱水，通常脱水后干天然气的水露点低于 0.1ppm，根据冷箱温度而定。另外，液烃回收装置的冷箱一般为铝合金材质，为避免冷箱发生汞腐蚀，需要将原料天然气中汞含量降至 $10ng/m^3$ 以下。

单元二　液烃回收分离单元操作

液烃回收装置是处理总厂的核心装置，是完成乙烷及以上轻烃组分（C_{2^+}组分）回收的关键，采用了低温精馏技术实现甲乙烷分离，主要设备有主冷箱、低温分离器、膨胀机、脱甲烷塔、J－T 阀、冷剂分离器和脱乙烷塔等。

1　脱甲烷部分

自预处理装置区来的原料天然气进入主冷箱冷却后进入低温分离器进行气液分离，液相进入脱甲烷塔下段的中部；气相分为两部分，一部分气相返回主冷箱液化过冷后作为脱甲烷塔顶的第二股回流液进入脱甲烷塔上段的中上部；另一部分气相进入膨胀机膨胀后进入脱甲烷塔的上段底部。自贫气增压装置来的回流贫天然气依次经过回流贫气水冷器、脱甲烷塔塔底重沸器和冷箱液化过冷后作为第一股回流液进入脱甲烷塔上段的上部。

脱甲烷塔塔顶流出的贫天然气进入冷箱复热后，经膨胀机增压端增压后至贫气压缩机增压外输，脱甲烷塔塔底回收得到的 C_{2^+}液烃经过塔底增压泵增压后，进入塔底重沸器和脱乙烷塔进料换热器升温后至脱乙烷塔。

脱甲烷塔设置侧沸管路，侧沸液烃经侧线增压泵增压输送至冷箱回收冷量，本身汽化升温后返回脱甲烷塔底部。

2　脱乙烷部分

自脱甲烷塔来的 C_{2^+}混烃经过塔底增压泵增压后进入脱甲烷塔塔底重沸器、脱乙烷塔进料换热器升温，然后进入脱乙烷塔通过精馏分离在塔顶得到含碳乙烷，塔底得到 C_{3^+}混烃。脱乙烷塔塔顶气相物流进入脱乙烷塔塔顶冷凝器冷凝液化后进入脱乙烷塔回流罐，分为两部分，一部分进入下游乙烷脱碳装置，另一部分经脱乙烷塔回流泵增压后返回脱乙烷塔顶部作为回流液。脱乙烷塔塔底所得到 C_{3^+}混烃进入下游液烃分离装置。

3　液化气塔部分

该装置设置液化气塔，通过塔顶冷凝和塔底加热，利用 C_{3^+}混烃中各组分沸点的差异进行精馏分离，实现丙丁烷与戊烷及以上重烃组分的分离，塔顶得到液化气，塔底得到稳定轻烃。

自液烃回收装置脱乙烷塔塔底来的 C_{3^+}混烃进入液化气塔中部，塔顶气相进入液化气空冷器冷却，全部冷凝液化后进入液化气回流罐。压力控制采用了热气旁通调节模式，液化气回流罐设置了不凝气至燃料气系统，同时设置了超压放空流程，液化气回流罐液相经液化气塔塔顶回流泵增压，其中一部分液相返回液化气塔顶作为回流液，其余部分经液化气水冷器冷却后输送至储罐区的液化气球罐储存；液化气塔塔底稳定轻烃，依次经稳定轻烃空冷器和稳定轻烃水冷器冷却后输送至储罐区的稳定轻烃球罐储存。

自液化气塔最下层塔板来的半稳定轻烃进入液化气塔塔底重沸器底，经低温导热油加热汽化，气液两相流轻烃自液化气塔塔底重沸器顶部返回液化气塔；低温导热油设置超压截断阀，防止半稳定轻烃泄漏至导热油系统。

模块一　液烃回收分离单元工艺操作

项目一　相关知识

天然气的组成因油气田或层系不同而异。油田气、局部气田的气井气含有较多的乙烷(C_2)、丙烷(C_3)、丁烷(C_4)、戊烷及戊烷以上(C_{5+})的烃类，这些天然气称为“富气”。富气中的这些烃类可以以液体产品的形式从天然气中加以回收，这一过程称为天然气凝液(NGL)的回收，国内常称为液烃回收。液烃回收的方法主要有油吸收法、吸附法和低温分离法(冷凝分离法)。常用 NGL 回收方法的回收率见表 2－1－1－1。

表 2－1－1－1　常用 NGL 回收方法的回收率　　%

方法	乙烷	丙烷	丁烷	天然汽油(C_{5+})
常温油吸收	5	40	75	87
低温油吸收	15	75	90	95
简单冷冻	25	55	93	97
阶式冷冻	70	85	95	100
焦耳－汤姆逊节流	70	90	97	100
透平膨胀	85	97	100	100
马拉法工艺	2～90	2～100	100	100

油吸收法是基于天然气中各个组分在吸收油中溶解度的差异而实现 NGL 回收的工艺方法。该工艺是一个物理过程，即轻烃组分分子从气相中分离出来进入重烃液体(壬烷、癸烷或更重的烃)。若只回收较重的 NGL 组分，可在室温下进行。辅助以冷冻可提高乙烷、丙烷等较轻烃类组分的回收率。所用吸收油可有不同相对分子质量，通常为 100～200。较低相对分子质量的吸收油循环量较低，可降低能耗，但吸收油的挥发损失较高。按操作温度可分为常温油吸收和低温油吸收，后者是将吸收与冷冻相结合。温度 30℃左右时主要回收 C_{5+}凝析油，－20℃时 C_3 收率在 40% 左右；达到－40℃，C_3 收率可达 80%～90%，C_2 收率也有 35%～50%。大型油吸收 NGL 回收装置均采用低温油吸收，其冷源多用丙烷蒸发，吸收油相对分子质量为 100～130，为 C_{5+}烷烃。油吸收工艺的优点是吸收塔一般可在原料气压力下运行，压力损失小，对原料气预处理要求低，单套装置处理能力大。无论是在室温还是辅以冷冻，装置都可用碳钢材料。但由于投资和操作费用高，1970 年以来，已被低温分离工艺所取代。

低温分离法的原理是利用原料气中各烃类组分冷凝温度不同的特点，通过制冷将原料气冷至一定温度从而将沸点较高的烃类冷凝分离，并将凝液分馏分离成合格产品的方法。其最根本的特点是需要提供较低温位的冷量使原料气降温。按制冷温度的不同，低温分离法又分为浅冷分离和深冷分离工艺。

液烃回收工艺目前广泛采用的是低温分离法或低温分离法与其他方法的组合。低温分离法具有投资少、操作费用低和回收率高的优点。稳定后的富气通过低温分离装置把气体中的丙烷以上(C_{2^+})重组分从气体中分离出来，得到混合液烃，再分馏得到所需的产品。

项目二　低温分离器投运

1　项目简介

经过预处理后的天然气进入液烃回收装置冷箱，经过冷箱预冷后进入低温分离器分为气液两相。液相直接进入脱甲烷塔中部，气相分为三部分，一部分气相进入冷箱过冷液化后作为脱甲烷塔顶的回流液；一部分气相进入膨胀机膨胀端，膨胀后进入脱甲烷塔上部，作为脱甲烷塔的两相流进料；最后一部分经过J－T阀门节流后进入脱甲烷塔上部，作为脱甲烷塔的两相流进料。

2　操作前准备

(1)穿戴齐劳保服装，包括防静电工衣、工裤、工鞋、安全帽、手套。

(2)准备相关操作工具：防爆F扳手、防爆对讲机。

3　操作步骤

3.1　投运前检查

(1)确认公用工程系统、仪表电气系统、控制系统正常投用，装置及辅助设施与附件正常投用，装置吹扫、干燥、分级泄漏性试验合格。

(2)确认关闭预处理装置进液烃回收单元电动阀门及其旁通手阀，打开低温分离器液相紧急切断阀，关闭液位调节阀门，关闭原料气J－T阀门。打开低温分离器气相至J－T阀门前后电动阀门，打开低温分离器气相至冷箱过冷原料气调节阀门及其前后电动阀门，打开低温分离器气相至膨胀机紧急截断阀及电动阀门。

(3)确认低温分离器密闭排污阀门及其就地排放阀门均处于关闭位置，安全阀前后截止阀均处于全开位置，其旁通阀和就地排放阀均处于关闭位置，所有仪表检测元件根部阀均处于全开位置。

3.2　投运步骤

(1)使用防爆F扳手打开预处理单元脱水粉尘过滤器出口至冷箱电动阀门的旁路手动阀门，将天然气引入低温分离器。

(2)低温分离器压力缓慢上升，与上游预处理单元压力平衡时，打开预处理单元脱水粉尘过滤器出口至冷箱电动阀门，使用防爆F扳手关闭其旁路手动阀门。

(3)打开原料气J－T阀门，再打开低温分离器气相至过冷原料气调节阀门，低温分离器内开始有原料气通过，同时低温分离器温度开始下降。

(4)调节原料气J－T阀门开度，控制原料气处理量。

(5)伴随低温分离器温度降低和处理量的提升，低温分离器内开始产生C_{2^+}混烃。

(6)当低温分离器内液相液位达到30%时，打开低温分离器液位调节阀门。低温分离器投用完成。

(7)通过低温分离器的温度调节阀门开度控制低温分离器的温度。当低温分离器温度降低时，关小温度调节阀门；当低温分离器温度高时，开大温度调节阀门，将低温分离器的温度控制在－70℃。

(8)通过低温分离器的液相液位控制阀门开度来控制低温分离器的液位。当低温分离器液位低时，关小液位调节阀门；当低温分离器液位高时，开大液位调节阀门。将低温分离器的液位控制在50%左右。

4　操作要点

(1)低温分离器升压完成后，首先打开气相至原料气 J－T 阀门，再打开过冷原料气调节阀门，保证低温分离器气相两个通道同时投用和同步降温。

(2)投用时注意控制低温分离器的充压速度和降温速率。

(3)按要求填写操作票。

5　安全注意事项

(1)开关阀门时应缓慢用力，禁止用工具敲击阀门，电动阀要观察其开关状态和开关速度。

(2)设备运行时注意维持压力，液位的平稳。

(3)装置升压和降温过程中应重点检查设备、管道系统的阀门填料函、法兰或螺纹连接处、放空阀、排液阀、仪表接口、设备人孔等位置，防止升压后发生泄漏。

6　突发事件应急处理

突发事件应急处理见表2－1－2－1。

表2－1－2－1　突发事件应急处理

步骤	处置	负责人
现场发现泄漏	迅速关闭入口阀	操作工
报告	1. 向当班班长及值班调度汇报	操作工
	2. 调度立即通知维保人员	调度
应急处置措施	1. 在维保人员未到达现场前，班长立即组织人员对泄漏点实施监控	班长
	2. 维保人员到达现场组织抢修	维保人员
应急终止	维修完毕并试漏合格后，向调度汇报应急终止	班长

拓展知识阅读推荐：

孟宪杰. 天然气处理与加工手册. 石油工业出版社，2016，10.

项目三　低温分离器停运

1　项目简介

本项目为低温分离器的停运操作，装置因检修停车、计划停车需要停用低温分离器。

2　操作前准备

(1)穿戴齐劳保服装，包括防静电工衣、工裤、工鞋、安全帽、手套。

(2)准备相关操作工具：防爆 F 扳手、防爆对讲机。

3　操作步骤

3.1　停运前检查

(1)检查公用工程系统、仪表电气系统、控制系统正常投用，装置及辅助设施与附件正常投用。

(2)确认低温分离器至低温低位罐排液流程管线各盲板已抽出。

3.2 停运步骤

(1)以0.5%阀位幅度，逐步减小原料气J-T阀门开度，降低天然气进入低温分离器的流量。

(2)同步减小低温分离器气相至过冷调节阀门开度，降低低温分离器气相流量。

(3)打开低温分离器温度调节阀门，初始开度2%，低温分离器温度开始上升。

(4)低温分离器液位调节阀液位控制设定值，从正常运行的50%，以2%幅度逐步降低设置至低低限液位值。

(5)待低温分离器顶部温度上升到0℃以上时，关闭原料气J-T阀门。关闭原料气进冷箱电动阀门，关闭过冷原料气进甲烷塔调节阀门，关闭低温分离器液相调节阀门。

(6)泄压停运时，使用防爆F扳手缓慢打开低温分离器手动放空阀门，将低温分离器内天然气压力通过放空管网泄放至火炬系统。使用防爆F扳手缓慢打开低温分离器底部排污手阀，将内部残液排放至低温低位罐。

4 操作要点

(1)低温分离器复温过程中注意控制升温速度不要过快。

(2)保压停运过程中可以不执行停运步骤(6)。

(3)按要求填写操作票。

5 安全注意事项

(1)泄压操作和排液操作注意安全环保，通过火炬排放。

(2)开关阀门时应缓慢用力，禁止用工具敲击阀门，电动阀要观察其开关状态和开关速度。

(3)装置复温过程中应重点检查设备、管道系统的阀门填料函、法兰或螺纹连接处、放空阀、排液阀、仪表接口、设备人孔等位置，防止复温后因热胀形变发生泄漏。

6 突发事件应急处理

突发事件应急处理见表2-1-3-1。

表2-1-3-1 突发事件应急处理

步骤	处置	负责人
现场发现泄漏	迅速关闭入口阀	操作工
报告	1. 向当班班长及值班调度汇报	操作工
	2. 调度立即通知维保人员	调度
应急处置措施	1. 在维保人员未到达现场前，班长立即组织人员对泄漏点实施监控	班长
	2. 维保人员到达现场组织抢修	维保人员
应急终止	维修完毕并试漏合格后，向调度汇报应急终止	班长

拓展知识阅读推荐：

孟宪杰．天然气处理与加工手册．石油工业出版社，2016，10.

项目四 冷箱投运

1 项目简介

天然气处理装置冷箱用于实现原料天然气、贫天然气、混合冷剂、乙烷、脱甲烷塔中间侧线等物流之间的换热。冷箱一般为铝制板翅式换热器，冷箱内部包含有板翅式换热器、冷剂节流用J－T阀以及分离器，并填充有珠光砂保冷材料。铝制板翅式换热器结构包括隔板、封条、翅片、导流片、封头、侧板。

2　操作前准备

(1)穿戴齐劳保服装，包括防静电工衣、工裤、工鞋、安全帽、手套。

(2)准备相关操作工具：防爆F扳手、防爆对讲机。

3　操作步骤

3.1　投运前检查

(1)检查公用工程系统、仪表电气系统、控制系统正常投用，装置及辅助设施与附件正常投用，装置吹扫、干燥、分级泄漏性试验合格。

(2)确认冷剂压缩机已经正常投用，冷剂压缩机进口电动的阀门、出口电动阀门已经打开，冷剂水冷器已经投用。

(3)确认冷箱冷剂J－T阀门关闭，气相冷剂进冷箱调节阀门关闭，气相冷剂进冷箱切断阀门打开，液相冷剂进冷箱调节阀门关闭。冷剂缓冲罐进出口阀门关闭。

(4)确认冷箱和冷剂分离器的各排污阀门及其就地排放阀门均处于关闭位置。安全阀前后截止阀均处于全开位置，其旁通阀和就地排放阀均处于关闭位置，所有仪表检测元件根部阀均处于全开位置。

3.2　投运步骤

(1)打开冷箱冷剂J－T阀门，阀门初始开度设定2%，混合冷剂开始循环。

(2)冷箱温度开始下降，以每次动作0.5%阀位的幅度，逐渐开大冷剂J－T阀门，同时制冷单元配合提高冷剂压缩机转速，提高冷箱冷负荷。

(3)冷剂分离器内液位开始有冷剂凝液产生，液位逐渐上升，当冷剂分离器内液位上升至30%时，根据冷剂增压泵操作规程启动冷剂增压泵，并打开液相冷剂进大冷箱调节阀门，初始开度设定2%。

(4)以每次动作0.5%阀位的幅度，逐渐开大液相冷剂进大冷箱阀门，提高液相冷剂进冷箱冷流量。

(5)开大原料气进冷箱阀门、过冷原料气进冷箱阀门、回流贫气进冷箱阀门，提升装置处理量，提高冷箱热负荷。

(6)继续提高冷剂J－T阀门开度、液相冷剂进冷箱阀门开度，提升冷箱冷负荷。制冷单元配合继续提高冷剂压缩机转速，提高冷箱冷负荷。

(7)冷箱运行过程中，通过控制冷剂J－T阀门开度、液相冷剂进冷箱阀门开度、冷剂压缩机转速来调整冷箱制冷量。

4　操作要点

(1)冷箱投运过程中注意保持对箱体使用氮气微正压吹扫。

(2)打开冷剂J－T阀门时应该控制初始2%的开度，提高冷负荷时以0.5%的幅度增大阀位开度。

(3)冷剂J－T阀门应该与冷剂压缩机转速和防喘阀门配合调整，以控制冷剂制冷量。

(4)冷箱投用过程中，控制制冷量提升速度，冷箱温度下降速率控制在0.5℃/min之内。

(5)按要求填写操作票。

5 安全注意事项

(1)防止冷箱温度下降速度过快和冷箱同层温差过大。

(2)开关阀门时应缓慢用力，禁止用工具敲击阀门，电动阀要观察其开关状态和开关速度。

(3)冷箱降温过程中应重点检查设备、管道系统的阀门填料函、法兰或螺纹连接处、放空阀、排液阀、仪表接口、设备人孔等位置的密封性，防止发生冷缩泄漏。

6 突发事件应急处理

突发事件应急处理见表2-1-4-1。

表2-1-4-1 突发事件应急处理

步骤	处置	负责人
现场发现泄漏	迅速关闭入口阀	操作工
报告	1. 向当班班长及值班调度汇报	操作工
	2. 调度立即通知维保人员	调度
应急处置措施	1. 在维保人员未到达现场前，班长立即组织人员对泄漏点实施监控	班长
	2. 维保人员到达现场组织抢修	维保人员
应急终止	维修完毕并试漏合格后，向调度汇报应急终止	班长

拓展知识阅读推荐：

孟宪杰．天然气处理与加工手册．石油工业出版社，2016，10.

项目五 冷箱停运

1 项目简介

本项目为冷箱的停运操作，装置因检修停车、计划停车需要停用冷箱。

2 操作前准备

(1)穿戴齐劳保服装，包括防静电工衣、工裤、工鞋、安全帽、手套。

(2)准备相关操作工具：防爆F扳手、防爆对讲机。

3 操作步骤

3.1 停运前检查

(1)检查公用工程系统、仪表电气系统、控制系统正常投用，装置及辅助设施与附件正常投用。

(2)确认冷箱至低温低位罐排液流程管线各盲板已抽出。

3.2 停运步骤

(1)以0.5%的阀位变化幅度，逐渐关小冷箱J-T阀门，降低冷剂的循环量。冷箱各温度监测点温度值开始上升。

(2)冷剂压缩机同步配合降低转速。

(3)以0.5%的阀位变化幅度，逐渐关小原料气J-T阀门，降低冷箱的处理量。

(4)以0.5%的阀位变化幅度，逐渐关小液相冷剂进冷箱的流量调节阀门。

(5)当冷箱的复温速度过快时，减缓冷箱J-T阀门的关小速度，减缓液相冷剂进冷箱阀门关小速度，控制冷箱各温度监测点复温速率小于0.5℃/min。

(6)当冷箱处理原料气量下降到20%负荷时，关闭液相冷剂进冷箱阀门，依照冷剂增压泵操作规程停用冷剂增压泵，关闭冷箱冷剂J－T阀门。

(7)关闭气相冷剂进冷箱阀门，关闭原料气进冷箱电动阀门，关闭原料气J－T阀门。

(8)泄压停运时，使用防爆F扳手打开冷箱出口手动排液阀门，将冷箱内残液排放到低温低位罐。

4 操作要点

(1)冷箱投运过程中注意保持对箱体使用氮气微正压吹扫。

(2)冷箱冷剂J－T阀门关小过程中，冷剂压缩机应同步配合降低转速。

(3)冷箱停用过程中，冷箱温度复温速率控制在0.5℃/min之内。

(4)保压停运过程中，可以不执行停运步骤(8)。

(5)按要求填写操作票。

5 安全注意事项

(1)防止冷箱温度上升速度过快和冷箱同层温差过大。

(2)开关阀门时应缓慢用力，禁止用工具敲击阀门，电动阀要观察其开关状态和开关速度。

(3)冷箱复温过程中应重点检查设备、管道系统的阀门填料函、法兰或螺纹连接处、放空阀、排液阀、仪表接口、设备人孔等位置的密封性，防止复温后因热胀形变发生泄漏。

6 突发事件应急处理

突发事件应急处理见表2－1－5－1。

表2－1－5－1 突发事件应急处理

步骤	处置	负责人
现场发现泄漏	迅速关闭入口阀	操作工
报告	1. 向当班班长及值班调度汇报	操作工
	2. 调度立即通知维保人员	调度
应急处置措施	1. 在维保人员未到达现场前，班长立即组织人员对泄漏点实施监控	班长
	2. 维保人员到达现场组织抢修	维保人员
应急终止	维修完毕并试漏合格后，向调度汇报应急终止	班长

拓展知识阅读推荐：

孟宪杰．天然气处理与加工手册．石油工业出版社，2016，10.

项目六 脱甲烷塔塔底重沸器投运

1 项目简介

脱甲烷塔重沸器可以采用虹吸式、釜样换热器，也可以采用板翅式换热器，用于给脱甲烷塔塔底提供热量。但是前两者的热量来源由热媒提供，而采用板翅式换热器就可以进行多股物流换热，实现多股能量的回收，比如回收回流贫天然气、混合冷剂的热量，是一种综合能耗较低的工艺。以板翅式换热器作为塔底重沸器为例进行介绍。

2 操作前准备

(1)穿戴齐劳保服装，包括防静电工衣、工裤、工鞋、安全帽、手套。

(2)准备相关操作工具：防爆F扳手、防爆对讲机。

3 操作步骤

3.1 投运前检查

(1)检查公用工程系统、仪表电气系统、控制系统正常投用，装置及辅助设施与附件正常投用，装置吹扫、干燥、分级泄漏性试验合格。

(2)回流贫气水冷器、冷剂水冷器已经正常投用，回流贫气管线、冷剂管线水露点检测合格。

3.2 投运步骤

(1)打开脱甲烷塔塔底凝液进塔底重沸器阀门。

(2)使用防爆F扳手打开回流贫气进塔底重沸器手动阀门。

(3)打开冷剂进塔底重沸器阀门。

(4)脱甲烷塔塔底泵凝液至塔底重沸器阀门投自动。

(5)根据脱甲烷塔塔底温度调节混合冷剂进塔底重沸器旁路阀门开度。脱甲烷塔塔底温度高，开大冷剂旁路阀门。脱甲烷塔塔底温度低，关小冷剂旁路阀门。

4 操作要点

(1)重沸器投运过程注意箱体保持氮气微正压吹扫。

(2)混合冷剂进塔底重沸器阀门和旁路阀门在装置运行状态下不能同时关闭。

(3)按要求填写操作票。

5 安全注意事项

(1)防止塔底重沸器温度下降速度过快和同层温差过大。

(2)开关阀门时应缓慢用力，禁止用工具敲击阀门，电动阀要观察其开关状态和开关速度。

6 突发事件应急处理

突发事件应急处理见表2-1-6-1。

表2-1-6-1 突发事件应急处理

步骤	处置	负责人
现场发现泄漏	迅速关闭入口阀	操作工
报告	1. 向当班班长及值班调度汇报	操作工
	2. 调度立即通知维保人员	调度
应急处置措施	1. 在维保人员未到达现场前，班长立即组织人员对泄漏点实施监控	班长
	2. 维保人员到达现场组织抢修	维保人员
应急终止	维修完毕并试漏合格后，向调度汇报应急终止	班长

拓展知识阅读推荐：

孟宪杰. 天然气处理与加工手册. 石油工业出版社，2016，10.

项目七　脱甲烷塔塔底重沸器停运

1　项目简介

本项目为脱甲烷塔塔底重沸器的停运操作，装置因检修停车、计划停车需要停用脱甲烷塔塔底重沸器。

2　操作前准备

(1)穿戴齐劳保服装，包括防静电工衣、工裤、工鞋、安全帽、手套。

(2)准备相关操作工具：防爆 F 扳手、防爆对讲机。

3　操作步骤

3.1　停运前检查

(1)检查公用工程系统、仪表电气系统、控制系统正常投用，装置及辅助设施与附件正常投用。

(2)冷箱已经正常停运。

3.2　停运步骤

(1)关闭脱甲烷塔塔底凝液进塔底重沸器阀门。

(2)使用防爆 F 扳手关闭回流贫气进小冷箱手动阀门。

(3)关闭冷剂进塔底重沸器阀门。

(4)关闭脱甲烷塔塔底泵凝液至重沸器阀门。

4　操作要点

(1)重沸器投运过程中注意箱体保持氮气微正压吹扫。

(2)按要求填写操作票。

5　安全注意事项

(1)防止塔底重沸器温度下降速度过快和同层温差过大。

(2)开关阀门时应缓慢用力，禁止用工具敲击阀门，电动阀要观察其开关状态和开关速度。

6　突发事件应急处理

突发事件应急处理见表 2－1－7－1。

表 2－1－7－1　突发事件应急处理

步骤	处置	负责人
现场发现泄漏	迅速关闭入口阀	操作工
报告	1. 向当班班长及值班调度汇报	操作工
	2. 调度立即通知维保人员	调度
应急处置措施	1. 在维保人员未到达现场前，班长立即组织人员对泄漏点实施监控	班长
	2. 维保人员到达现场组织抢修	维保人员
应急终止	维修完毕并试漏合格后，向调度汇报应急终止	班长

拓展知识阅读推荐：

孟宪杰．天然气处理与加工手册．石油工业出版社，2016，10.

项目八　脱甲烷塔投运

1　项目简介

脱甲烷塔为低温精馏塔，用于分离甲烷和 C_{2+} 组分。脱甲烷塔进料来自低温分离器内凝液和气相。低温分离器内的液相进入脱甲烷塔下段的中部。气相分为两部分，一部分气相返回主冷箱液化过冷后作为脱甲烷塔顶的第二股回流液进入脱甲烷塔上段的中上部。另一部分气相进入膨胀机膨胀后进入脱甲烷塔的上段底部。自贫气增压装置来的回流贫天然气依次经过回流贫气水冷器、脱甲烷塔塔底重沸器和主冷箱液化过冷后作为第一股回流液进入脱甲烷塔上段的上部。

脱甲烷塔塔顶流出的贫天然气进入主冷箱复热后，经膨胀机增压端增压后至贫气压缩机增压外输，脱甲烷塔塔底回收得到的 C_{2+} 液烃经过塔底增压泵增压后进入塔底重沸器升温后至脱乙烷塔。

脱甲烷塔设置侧沸管路，侧沸液烃经侧线增压泵，增压输送至主冷箱提供冷量，本身汽化升温后返回脱甲烷塔。

2　操作前准备

(1)穿戴齐劳保服装，包括防静电工衣、工裤、工鞋、安全帽、手套。

(2)准备相关操作工具：防爆 F 扳手、防爆对讲机。

3　操作步骤

3.1　投运前检查

(1)检查公用工程系统、仪表电气系统、控制系统正常投用，装置及辅助设施与附件正常投用，装置吹扫、干燥、分级泄漏性试验合格。

(2)确认低温分离器至脱甲烷塔流程各阀门，包括低温分离器液相紧急切断阀、气相至过冷气紧急切断阀、气相至膨胀机紧急切断阀门处于打开状态。

(3)确认低温分离器至脱甲烷塔各电动阀打开状态，包括过冷原料气调节阀前后电动阀门，原料气 J－T 阀前后电动阀门、低温分离器至膨胀机电动阀门均处于打开状态。

(4)确认低温分离器至脱甲烷塔侧线泵旁路电动阀门处于打开状态，侧线泵出口阀门处于关闭状态。

(5)确认脱甲烷塔塔底凝液至重沸器阀门处于打开状态。

(6)确认脱甲烷塔塔顶复热贫气至贫气压缩机流程导通，贫气压缩机已正常投用。

3.2　投运步骤

(1)打开原料气 J－T 阀门，初始开度 2%，贫气压缩机同步提升转速，原料气开始通过脱甲烷塔。通过控制贫气压缩机转速控制脱甲烷塔塔顶压力在 2.6MPa，通过控制原料气 J－T 阀门开度调整原料气处理量。

(2)打开过冷原料气进脱甲烷塔阀门，初始开度 2%。回流贫气进脱甲烷塔阀门，初始开度 2%。低温分离器凝液进脱甲烷塔阀门投自动。

(3)脱甲烷塔塔顶温度开始降低，塔内逐渐有天然气凝液产生。以 0.5% 幅度的提升原料气 J－T 阀门、过冷原料气进脱甲烷塔阀门、回流贫气进脱甲烷塔阀门开度，提升原料气处理量，同步提升贫气压缩机转速以控制脱甲烷塔塔顶压力。

(4)脱甲烷塔上段液位逐渐上升，甲烷塔侧线液位 50% 时，依照侧线泵操作规程启动侧线泵。

(5)脱甲烷塔底部液位上升至50%时，依照塔底增压泵操作规程启动塔底增压泵，并打开脱甲烷塔塔底泵凝液至脱乙烷塔阀门。

(6)通过脱贫气压缩机转速控制脱甲烷塔塔顶压力，脱甲烷塔压力升高提升贫气压缩机转速。

(7)通过侧线泵出口流量调节阀门控制脱甲烷塔侧线液位，侧线液位高，开大侧线泵出口阀门。

(8)通过脱甲烷塔塔底泵出口流量调节阀控制脱甲烷塔塔底液位，塔底液位高开大塔底泵出口阀门。

(9)依照脱甲烷塔塔底重沸器的投用要求，通过控制冷剂进重沸器旁路阀门开度控制脱甲烷塔塔底温度。

4　操作要点

(1)设备运行时注意维持压力、液位的平稳。

(2)首次投运时应手动打开各紧急切断阀门。

(3)脱甲烷塔塔顶降温过程中注意控制升温速率小于0.5℃/min。

(4)按要求填写操作票。

5　安全注意事项

(1)开关阀门时应缓慢用力，禁止用工具敲击阀门，电动阀要观察其开关状态和开关速度。

(2)脱甲烷塔投用过程中应重点检查设备、管道系统的阀门填料函、法兰或螺纹连接处、放空阀、排液阀、仪表接口、设备人孔等位置的密封性，防止发生冷缩泄漏。

6　突发事件应急处理

突发事件应急处理见表2-1-8-1。

表2-1-8-1　突发事件应急处理

步骤	处置	负责人
现场发现泄漏	迅速关闭入口阀	操作工
报告	1. 向当班班长及值班调度汇报	操作工
	2. 调度立即通知维保人员	调度
应急处置措施	1. 在维保人员未到达现场前，班长立即组织人员对泄漏点实施监控	班长
	2. 维保人员到达现场组织抢修	维保人员
应急终止	维修完毕并试漏合格后，向调度汇报应急终止	班长

拓展知识阅读推荐：

孟宪杰．天然气处理与加工手册．石油工业出版社，2016，10.

项目九　脱甲烷塔停运

1　项目简介

本项目为脱甲烷塔的停运操作，装置因检修停车、计划停车需要停用甲烷塔。

2　操作前准备

(1)穿戴齐劳保服装，包括防静电工衣、工裤、工鞋、安全帽、手套。

(2)准备相关操作工具：防爆F扳手、防爆对讲机。

3　操作步骤

3.1　停运前检查

(1)检查公用工程系统、仪表电气系统、控制系统正常投用，装置及辅助设施与附件正常投用。

(2)确认脱甲烷塔塔底至低温低位罐排液流程管线各盲板已抽出。

3.2　停运步骤

(1)以0.5%的阀位变化幅度，逐渐关小原料气J－T阀门，降低脱甲烷塔处理量。同时冷剂压缩机组配合降低转速，冷箱冷剂J－T阀门配合关小。

(2)脱甲烷塔塔顶温度开始缓慢上升，塔底液位和侧线液位逐渐降低。

(3)继续关小原料气J－T阀门开度，同时关小回流贫气进脱甲烷塔流量调节阀门开度，关小过冷原料气进脱甲烷塔流量调节阀门开度。

(4)当脱甲烷塔侧线液位降低到低低限时，依照侧线泵操作规程停用侧线泵，关闭泵出口调节阀门。

(5)当脱甲烷塔底液位降低到低低限时，依照塔底增压泵操作规程停用增压泵，关闭泵出口调节阀门。

(6)当脱甲烷塔处理量降低到20%负荷时，关闭原料气进脱甲烷塔J－T阀门，关闭过冷原料气调节阀，关闭回流贫气调节阀门。

(7)使用防爆F扳手打开脱甲烷塔塔顶手动放空阀门，将塔内压力通过火炬泄放。使用防爆F扳手打开塔底手动排污阀门，将塔内残液排放至低温低位罐。

4　操作要点

(1)设备停运时注意维持压力、液位的平稳。

(2)脱甲烷塔塔顶复温过程中注意控制升温速率小于0.5℃/min。

(3)保压停运过程中可以不执行停运步骤(7)。

(4)按要求填写操作票。

5　安全注意事项

(1)泄压操作和排液操作注意安全环保，通过火炬排放。

(2)开关阀门时应缓慢用力，禁止用工具敲击阀门，电动阀要观察其开关状态和开关速度。

(3)装置复温过程中应重点检查设备、管道系统的阀门填料函、法兰或螺纹连接处、放空阀、排液阀、仪表接口、设备人孔等位置，防止复温后因热胀形变发生泄漏。

6　突发事件应急处理

突发事件应急处理见表2－1－9－1。

表2－1－9－1　突发事件应急处理

步骤	处置	负责人
现场发现泄漏	迅速关闭入口阀	操作工
报告	1. 向当班班长及值班调度汇报	操作工
	2. 调度立即通知维保人员	调度

续表

步骤	处置	负责人
应急处置措施	1. 在维保人员未到达现场前，班长立即组织人员对泄漏点实施监控	班长
	2. 维保人员到达现场组织抢修	维保人员
应急终止	维修完毕并试漏合格后，向调度汇报应急终止	班长

拓展知识阅读推荐：

孟宪杰．天然气处理与加工手册．石油工业出版社，2016，10.

项目十 脱乙烷塔投运

1 项目简介

自脱甲烷塔来的 C_{2+} 液烃进入脱乙烷塔上部，通过精馏分离在塔顶得到气相含碳乙烷和塔底得到液相 C_{3+} 混烃。脱乙烷塔塔顶气相进入塔顶丙烷蒸发器冷凝后进入塔顶回流罐进行气液分离，回流罐气相进入乙烷脱碳装置，液相经塔顶回流泵增压后返回脱乙烷塔顶部作为回流液。脱乙烷塔底液相 C_{3+} 混烃进入下游液烃分离装置。

2 操作前准备

(1) 穿戴齐劳保服装，包括防静电工衣、工裤、工鞋、安全帽、手套。

(2) 准备相关操作工具：防爆 F 扳手、防爆对讲机。

3 操作步骤

3.1 投运前检查

(1) 检查公用工程系统、仪表电气系统、控制系统正常投用，装置及辅助设施与附件正常投用，装置吹扫、干燥、分级泄漏性试验合格。

(2) 确认脱甲烷塔已正常投用，丙烷制冷剂组及丙烷蒸发器已正常投用。

(3) 确认脱乙烷塔塔底重沸器导热油紧急切断阀已经打开，导热油流量调节阀门前后手动阀门打开。确认脱乙烷塔塔底采出紧急切断阀门已经打开。确认乙烷回流罐至乙烷回流泵紧急切断阀门已经打开。确认乙烷回流泵至脱乙烷塔紧急切断阀门已打开。

3.2 投运步骤

(1) 打开脱甲烷塔塔底泵凝液至脱乙烷塔阀门，脱乙烷塔塔底液位逐渐上升，脱乙烷塔塔顶压力逐渐上升。

(2) 乙烷回流罐压力调节阀门压力设定 3.0MPa 然后投自动。

(3) 丙烷制冷剂组载位调整为自动，乙烷回流罐液位逐渐上升。

(4) 脱乙烷塔回流罐液位上升至 50% 时，依照脱乙烷塔回流泵投用操作步骤，启动脱乙烷塔回流泵，并打开乙烷回流至脱乙烷塔调节阀门。

(5) 逐渐开大乙烷回流量调节阀门，提升回流量。

(6) 脱乙烷塔塔底液位上升到 30% 时，打开重沸器导热油流量调节阀门并投自动，设定塔底温度 99℃。

(7) 当脱乙烷塔塔底温度上升至 99℃时，打开塔底液相至液化气塔阀门。

(8) 控制脱乙烷塔塔底温度 99℃、塔顶压力 3.0MPa、回流量 $90m^3/h$，塔底液位 50%、乙烷回流罐液位 50%。

4　操作要点

(1)设备运行时注意维持压力、液位的平稳。

(2)乙烷回流量小于乙烷回流泵的最小流量时，注意投用泵最小回流线。

(3)按要求填写操作票。

5　安全注意事项

(1)脱乙烷塔塔底升温过程中注意控制重沸量，防止塔顶超压。

(2)开关阀门时应缓慢用力，禁止用工具敲击阀门，电动阀要观察其开关状态和开关速度。

6　突发事件应急处理

突发事件应急处理见表2－1－10－1。

表2－1－10－1　突发事件应急处理

步骤	处置	负责人
现场发现泄漏	迅速关闭入口阀	操作工
报告	1. 向当班班长及值班调度汇报	操作工
	2. 调度立即通知维保人员	调度
应急处置措施	1. 在维保人员未到达现场前，班长立即组织人员对泄漏点实施监控	班长
	2. 维保人员到达现场组织抢修	维保人员
应急终止	维修完毕并试漏合格后，向调度汇报应急终止	班长

拓展知识阅读推荐：

孟宪杰．天然气处理与加工手册．石油工业出版社，2016，10.

项目十一　脱乙烷塔停运

1　项目简介

本项目为脱乙烷塔的停运操作，装置因检修停车、计划停车需要停用脱乙烷塔。要求掌握停运脱乙烷塔的步骤，包括降温、排液操作；掌握停运中的参数调节，包括液位、温度的调节；掌握日常巡检及出现故障、事故时的应急处理。

2　操作前准备

(1)穿戴齐劳保服装，包括防静电工衣、工裤、工鞋、安全帽、手套。

(2)准备相关操作工具：防爆F扳手、防爆对讲机。

3　操作步骤

3.1　停运前检查

(1)检查公用工程系统、仪表电气系统、控制系统正常投用，装置及辅助设施与附件正常投用。

(2)确认脱乙烷塔塔底至低温低位罐排液流程管线各盲板已抽出。

(3)脱甲烷塔已经正常停运。

3.2　停运步骤

(1)关小乙烷回流量调节阀门，同时降低塔底重沸器导热油流量调节阀开度。

(2)塔顶乙烷采出量、塔底 C_{3+} 采出量、乙烷回流罐液位同时开始降低。

(3)乙烷回流罐液位降低到低低限时，依照乙烷回流泵操作规程停用乙烷回流泵，并关闭回流量调节阀门。

(4)当脱乙烷塔塔底液位降低到低低限时关闭脱乙烷塔塔底采出阀门，关闭重沸器导热油流量调节阀。关闭乙烷回流罐顶乙烷采出阀门。

(5)使用防爆 F 扳手缓慢打开脱乙烷塔塔底排污阀门，将塔内剩余残液排放到低温低位罐。使用防爆 F 扳手缓慢打开乙烷回流罐手动放空阀门，将乙烷回流罐和脱乙烷塔内残压通过放空管网泄放至火炬。

4　操作要点

(1)设备停运时注意维持压力、液位的平稳。

(2)脱乙烷塔塔底液位降低过程中注意控制同步降低塔底温度。

(3)保压停运过程中可以不执行停运步骤(5)。

(4)按要求填写操作票。

5　安全注意事项

(1)泄压操作和排液操作注意安全环保，通过火炬排放。

(2)开关阀门时应缓慢用力，禁止用工具敲击阀门，电动阀要观察其开关状态和开关速度。

6　突发事件应急处理

突发事件应急处理见表 2－1－11－1。

表 2－1－11－1　突发事件应急处理

步骤	处置	负责人
现场发现泄漏	迅速关闭入口阀	操作工
报告	1. 向当班班长及值班调度汇报	操作工
	2. 调度立即通知维保人员	调度
应急处置措施	1. 在维保人员未到达现场前，班长立即组织人员对泄漏点实施监控	班长
	2. 维保人员到达现场组织抢修	维保人员
应急终止	维修完毕并试漏合格后，向调度汇报应急终止	班长

拓展知识阅读推荐：

孟宪杰．天然气处理与加工手册．石油工业出版社，2016，10.

项目十二　液化气塔投运

1　项目简介

自液烃回收乙烷塔塔底来的 C_{3+} 混烃进入液化气塔中部，塔顶气相进入液化气空冷器冷却至 40℃，全部冷凝液化后进入液化气回流罐，压力控制采用热气旁通调节模式，液化气回流罐设置了不凝气至燃料气系统，同时设置了超压放空流程，液化气回流罐液相经液化气塔顶回流泵增压，其中一部分液相返回液化气塔塔顶作为回流液，其余部分经液化气水冷器冷却至 40℃输送至储罐区的液化气球罐储存。液化气塔塔底稳定轻烃，依次经稳定轻烃空冷器和稳定轻烃水冷器冷却至40℃输送至储罐区的稳定轻烃球罐储存。自液化气塔最下层塔板来的半稳定轻烃进入液化气塔塔底重沸器底，经低温导热油加热汽化，气液两相流轻烃自液化气塔塔底重沸器顶部返回液化气塔塔釜。

2 操作前准备

(1)穿戴齐劳保服装，包括防静电工衣、工裤、工鞋、安全帽、手套。

(2)准备相关操作工具：防爆F扳手、防爆对讲机。

3 操作步骤

3.1 投运前检查

(1)检查公用工程系统、仪表电气系统、控制系统正常投用，装置及辅助设施与附件正常投用，装置吹扫、干燥、分级泄漏性试验合格。

(2)确认脱乙烷塔已正常投用，确认液化气空冷器、液化气水冷器、稳定轻烃空冷器、稳定轻烃空冷器已正常投用。

(3)确认液化气塔塔底重沸器导热油紧急切断阀已经打开，导热油流量调节阀门前后截止阀门打开。确认液化气塔塔底采出紧急切断阀已经打开。液化气回流罐至液化气回流泵紧急切断阀门打开。确认液化气回流泵至液化气塔紧急切断阀打开。

3.2 投运步骤

(1)打开脱乙烷塔塔底泵凝液至液化气塔阀门，液化气塔开始进料。

(2)液化气塔塔底液位开始上升，同时液化气塔塔顶压力开始上升。

(3)液化气塔塔顶空冷器投自动，设定空冷后温度40℃，液化气回流罐液位开始上升。

(4)液化气回流罐液位上升至30%时，依照液化气回流泵操作规定，投用液化气回流泵，打开液化气回流流量调节阀门。

(5)逐步开大液化气回流调节阀，增大回流量。

(6)当液化气塔塔底液位30%时，打开液化气塔塔底重沸器导热流量调节阀并投自动，设定塔底温度140℃。稳定轻烃空冷器投自动，设定空冷后温度40℃。

(7)当液化气塔塔底温度上升至140℃时，打开稳定轻烃水冷器后稳定轻烃采出至储罐阀门投自动。

(8)当液化气回流罐液位上升至50%时，打开液化气水冷器后液化气采出至储罐阀门投自动。

(9)当液化气塔塔底液位上升至50%时，打开导热油进塔底重沸器阀门。

(10)控制液化气塔塔顶压力1.35MPa、塔底温度140℃、塔底液位50%、回流量8000kg/h。

4 操作要点

(1)设备运行时注意维持压力、液位的平稳。

(2)液化气回流量小于乙烷回流泵的最小流量时，注意投用泵最小回流线。

(3)按要求填写操作票。

5 安全注意事项

(1)液化气塔塔底升温过程中注意控制重沸量，防止塔顶超压。

(2)开关阀门时应缓慢用力，禁止用工具敲击阀门，电动阀要观察其开关状态和开关速度。

6　突发事件应急处理

突发事件应急处理见表2－1－12－1。

表2－1－12－1　突发事件应急处理

步骤	处置	负责人
现场发现泄漏	迅速关闭入口阀	操作工
报告	1. 向当班班长及值班调度汇报	操作工
	2. 调度立即通知维保人员	调度
应急处置措施	1. 在维保人员未到达现场前，班长立即组织人员对泄漏点实施监控	班长
	2. 维保人员到达现场组织抢修	维保人员
应急终止	维修完毕并试漏合格后，向调度汇报应急终止	班长

拓展知识阅读推荐：

孟宪杰．天然气处理与加工手册．石油工业出版社，2016，10.

项目十三　液化气塔停运

1　项目简介

本项目为液化气塔的停运操作，装置因检修停车、计划停车需要停用液化气塔。

2　操作前准备

(1)穿戴齐劳保服装，包括防静电工衣、工裤、工鞋、安全帽、手套。

(2)准备相关操作工具：防爆F扳手、防爆对讲机。

3　操作步骤

3.1　停运前检查

(1)检查公用工程系统、仪表电气系统、控制系统正常投用，装置及辅助设施与附件正常投用。

(2)确认液化气塔塔底至低温低位罐排液流程管线各盲板已抽出。

(3)脱甲烷塔已经正常停运，脱乙烷塔已经正常停运。

3.2　停运步骤

(1)关小液化气回流量调节阀门，同时降低塔底重沸器导热油流量调节阀开度。

(2)塔顶液化气采出量、塔底稳定轻烃采出量、液化气回流罐液位同时开始降低。

(3)液化气回流罐液位降低到低低限时，依照液化气回流泵操作规程停用液化气回流泵，并关闭回流量调节阀门。

(4)当液化气塔塔底液位降低到低低限时关闭液化气塔塔底采出阀门，关闭重沸器导热油流量调节阀。关闭液化气回流罐底液化气采出阀门。

(5)使用防爆F扳手缓慢打开液化气塔底排污阀门，将塔内剩余残液排放到低温低位罐。使用防爆F扳手缓慢打开液化气回流罐手动放空阀门，将液化气回流罐和液化气塔内残压通过放空管网泄放至火炬。

4 操作要点

(1)设备停运时注意维持压力、液位的平稳。

(2)液化气塔塔底液位降低过程中注意控制同步降低塔底温度。

(3)保压停运过程中可以不执行停运步骤(5)。

(4)按要求填写操作票。

5 安全注意事项

(1)泄压操作和排液操作注意安全环保，通过火炬排放。

(2)开关阀门时应缓慢用力，禁止用工具敲击阀门，电动阀要观察其开关状态和开关速度。

6 突发事件应急处理

突发事件应急处理见表2－1－13－1。

表2－1－13－1 突发事件应急处理

步骤	处置	负责人
现场发现泄漏	迅速关闭入口阀	操作工
报告	1. 向当班班长及值班调度汇报	操作工
	2. 调度立即通知维保人员	调度
应急处置措施	1. 在维保人员未到达现场前，班长立即组织人员对泄漏点实施监控	班长
	2. 维保人员到达现场组织抢修	维保人员
应急终止	维修完毕并试漏合格后，向调度汇报应急终止	班长

拓展知识阅读推荐：

孟宪杰．天然气处理与加工手册．石油工业出版社，2016，10.

项目十四 水冷器投运

1 项目简介

回流贫气、混合冷剂、液化气、稳定轻烃等工艺介质，通过水冷器与辅助单元来的循环水进行换热，以降低介质温度。

2 操作前准备

(1)穿防静电工衣、工裤、工鞋，戴好安全帽、手套。

(2)携带小号、中号防爆F扳手各一把。

3 操作步骤

(1)使用F扳手缓慢打开水冷器水相入口阀。

(2)缓慢打开水冷器水相出口阀，并持续观察温度变化。

(3)打开水冷器烃相入口阀。

(4)缓慢打开水冷器烃相出口阀。

4 操作要点

(1)设备运行时注意维持压力、温度的平稳。

(2)注意现场压力、温度同远传至中控室的压力、温度一致。

(3)根据压力情况，及时清洗过滤器。

5　安全注意事项

(1)开关阀门时应缓慢用力，禁止用工具敲击阀门。

(2)应严格按照操作步骤操作。

6　突发事件应急处理

突发事件应急处理见表2－1－14－1。

表2－1－14－1　突发事件应急处理

步骤	处置	负责人
现场发现泄漏	迅速关闭入口阀	操作工
报告	1. 向当班班长及值班调度汇报	操作工
	2. 调度立即通知维保人员	调度
应急处置措施	1. 在维保人员未到达现场前，班长立即组织人员对泄漏点实施监控	班长
	2. 维保人员到达现场组织抢修	维保人员
应急终止	维修完毕并试漏合格后，向调度汇报应急终止	班长

拓展知识阅读推荐：

孟宪杰．天然气处理与加工手册．石油工业出版社，2016，10.

项目十五　水冷器停运

1　项目简介

回流贫气、混合冷剂、液化气、稳定轻烃等工艺介质，通过水冷器与辅助单元来的循环水进行换热，以降低介质温度。

装置停运、检维修或清洗过滤器时，需进行水冷器的停运。

2　操作前准备

(1)穿防静电工衣、工裤、工鞋，戴好安全帽、手套。

(2)携带小号、中号防爆F扳手各一把。

3　操作步骤

(1)使用F扳手缓慢关闭水冷器烃相入口阀。

(2)缓慢关闭水冷器水相出口阀。

4　操作要点

(1)设备停运时，注意压力、温度降速平稳。

(2)注意现场压力、温度同远传至中控室的压力、温度一致。

(3)长期停运，泄压后关闭烃相、水相出口阀。

5　安全注意事项

(1)开关阀门时应缓慢用力，禁止用工具敲击阀门。

(2)应严格按照操作步骤操作。

6　突发事件应急处理

突发事件应急处理见表2－1－15－1。

表2-1-15-1　突发事件应急处理

步骤	处置	负责人
现场发现泄漏	迅速关闭入口阀	操作工
报告	1. 向当班班长及值班调度汇报	操作工
	2. 调度立即通知维保人员	调度
应急处置措施	1. 在维保人员未到达现场前，班长立即组织人员对泄漏点实施监控	班长
	2. 维保人员到达现场组织抢修	维保人员
应急终止	维修完毕并试漏合格后，向调度汇报应急终止	班长

拓展知识阅读推荐：

孟宪杰．天然气处理与加工手册．石油工业出版社，2016，10.

项目十六　重沸器投运

1　项目简介

脱乙烷塔、液化气塔重沸器作为塔底热源，从塔底流下的液相进入重沸器进行部分汽化，产生上升的气相，即提供塔的气相回流。两塔重沸器均采用导热油作为热源。

精馏塔塔顶气相进入塔顶丙烷蒸发器冷凝后进入塔顶回流罐进行气液分离，塔底液相一部分经塔底重沸器回塔，其余进入下游装置。

2　操作前准备

(1)穿防静电工衣、工裤、工鞋，戴好安全帽、手套。

(2)携带小号、中号防爆F扳手各一把。

3　操作步骤

(1)缓慢打开重沸器热油入口阀。根据工艺要求，控制好升温速度。

(2)缓慢打开重沸器热油出口阀。

(3)打开重沸器烃相入口阀。

(4)缓慢打开重沸器烃相出口阀。

(5)通知中控根据温度缓慢调节热油流量调节阀。

4　操作要点

(1)设备运行时注意维持压力、温度的平稳。

(2)注意现场压力、温度同远传至中控室的压力、温度一致。

(3)热油流量调节阀操作要缓慢平稳。

5　安全注意事项

(1)开关阀门时应缓慢用力，禁止用工具敲击阀门。

(2)应严格按照操作步骤操作。

(3)控制好升温速度，达到设定温度及时进行热紧。

6　突发事件应急处理

突发事件应急处理见表2-1-16-1。

表2-1-16-1 突发事件应急处理

步骤	处置	负责人
现场发现泄漏	迅速关闭入口阀	操作工
报告	1. 向当班班长及值班调度汇报	操作工
	2. 调度立即通知维保人员	调度
应急处置措施	1. 在维保人员未到达现场前，班长立即组织人员对泄漏点实施监控	班长
	2. 维保人员到达现场组织抢修	维保人员
应急终止	维修完毕并试漏合格后，向调度汇报应急终止	班长

拓展知识阅读推荐：

孟宪杰．天然气处理与加工手册．石油工业出版社，2016，10.

项目十七 重沸器停运

1 项目简介

脱乙烷塔、液化气塔重沸器作为塔底热源，从塔底流下的液相进入重沸器进行部分汽化，产生上升的气相，即提供塔的气相回流。两塔重沸器均采用导热油作为热源。装置停运或检维修前，需进行重沸器的停运。

2 操作前准备

(1)穿防静电工衣、工裤、工鞋，戴好安全帽、手套。

(2)携带小号、中号防爆F扳手各一把。

3 操作步骤

(1)缓慢关闭重沸器热油入口阀。根据工艺要求，控制好降温速度。

(2)关闭重沸器烃相入口阀。

(3)关闭重沸器热油出口阀。

(4)关闭重沸器烃相出口阀。

4 操作要点

(1)设备停运时，注意压力、温度降速平稳。

(2)注意现场压力、温度同远传至中控室的压力、温度一致。

(3)热油流量调节阀操作要缓慢平稳。

5 安全注意事项

(1)开关阀门时应缓慢用力，禁止用工具敲击阀门。

(2)应严格按照操作步骤操作。

6 突发事件应急处理

突发事件应急处理见表2-1-17-1。

表2-1-17-1 突发事件应急处理

步骤	处置	负责人
现场发现泄漏	迅速关闭入口阀	操作工
报告	1. 向当班班长及值班调度汇报	操作工
	2. 调度立即通知维保人员	调度

续表

步骤	处置	负责人
应急处置措施	1. 在维保人员未到达现场前，班长立即组织人员对泄漏点实施监控	班长
	2. 维保人员到达现场组织抢修	维保人员
应急终止	维修完毕并试漏合格后，向调度汇报应急终止	班长

拓展知识阅读推荐：

孟宪杰．天然气处理与加工手册．石油工业出版社，2016，10.

项目十八 脱乙烷塔进料换热器投运

1 项目简介

自冷剂增压装置来的高压常温气态冷剂进入脱乙烷塔进料换热器，与脱乙烷塔进料进行换热，提高脱甲烷塔塔底液相温度，以控制脱乙烷塔进料温度。

2 操作前准备

(1)穿防静电工衣、工裤、工鞋，戴好安全帽、手套。

(2)携带小号、中号防爆F扳手各一把。

3 操作步骤

(1)使用F扳手缓慢打开换热器冷相入口阀。

(2)打开换热器冷相出口阀，并持续观察温度变化。

(3)打开换热器热相入口阀。

(4)缓慢打开换热器热相出口阀。

(5)通知中控根据温度变化缓慢调节温度流量调节阀。

4 操作要点

(1)设备运行时注意维持压力、温度的平稳。

(2)注意现场压力、温度同远传至中控室的压力、温度一致。

5 安全注意事项

(1)开关阀门时应缓慢用力，禁止用工具敲击阀门。

(2)应严格按照操作步骤操作。

6 突发事件应急处理

突发事件应急处理见表2-1-18-1。

表2-1-18-1 突发事件应急处理

步骤	处置	负责人
现场发现泄漏	迅速关闭入口阀	操作工
报告	1. 向当班班长及值班调度汇报	操作工
	2. 调度立即通知维保人员	调度
应急处置措施	1. 在维保人员未到达现场前，班长立即组织人员对泄漏点实施监控	班长
	2. 维保人员到达现场组织抢修	维保人员
应急终止	维修完毕并试漏合格后，向调度汇报应急终止	班长

拓展知识阅读推荐：

孟宪杰．天然气处理与加工手册．石油工业出版社，2016，10.

项目十九　脱乙烷塔进料换热器停运

1　项目简介

自冷剂增压装置来的高压常温气态冷剂进入脱乙烷塔进料换热器，与脱乙烷塔进料进行换热，提高脱甲烷塔塔底液相温度，以控制脱乙烷塔进料温度。

装置停运、检维修或清洗过滤器时，需进行换热器的停运。

2　操作前准备

(1)穿防静电工衣、工裤、工鞋，戴好安全帽、手套。

(2)携带小号、中号防爆F扳手各一把。

3　操作步骤

(1)使用F扳手缓慢关闭换热器热相入口阀。

(2)关闭换热器冷相入口阀。

(3)关闭换热器热相出口阀。

(4)关闭换热器冷相出口阀。

4　操作要点

(1)设备停运时，注意压力、温度降速平稳。

(2)注意现场压力、温度同远传至中控室的压力、温度一致。

5　安全注意事项

(1)开关阀门时应缓慢用力，禁止用工具敲击阀门。

(2)应严格按照操作步骤操作。

6　突发事件应急处理

突发事件应急处理见表2-1-19-1。

表2-1-19-1　突发事件应急处理

步骤	处置	负责人
现场发现泄漏	迅速关闭入口阀	操作工
报告	1. 向当班班长及值班调度汇报	操作工
	2. 调度立即通知维保人员	调度
应急处置措施	1. 在维保人员未到达现场前，班长立即组织人员对泄漏点实施监控	班长
	2. 维保人员到达现场组织抢修	维保人员
应急终止	维修完毕并试漏合格后，向调度汇报应急终止	班长

拓展知识阅读推荐：

孟宪杰．天然气处理与加工手册．石油工业出版社，2016，10.

模块二 液烃回收分离单元设备操作

项目一 膨胀机启机

1 项目简介

干天然气首先进入冷箱预冷，预冷后天然气进入低温分离器，分离后的气相(约80%)进入膨胀端进行膨胀制冷，膨胀端出口物流进入脱甲烷塔，脱甲烷塔塔顶气进入冷箱复热，复热后的产品天然气进入同轴增压端。

启动膨胀机，目的是增加系统冷量，减小冷剂压缩机负荷，同时降低脱甲烷塔塔顶温度，提高乙烷收率。

2 操作前准备

(1)穿防静电工衣、工裤、工鞋，戴好安全帽、手套。

(2)携带小号、中号防爆 F 扳手各一把。

3 操作步骤

3.1 启动前检查

(1)检查机组所有电子回路、开关、仪表、控制和安全设施连接正确。检查确认入口导叶执行机构的响应与信号呈正比例关系，并且行程范围匹配。

(2)根据磁悬浮轴承系统的操作说明，对磁力轴承系统进行启动前的相关操作。

(3)确认密封气源压力和温度达到要求。

(4)膨胀端入口导叶处于关闭状态，装置处于 J－T 阀运行模式，膨胀端出口电动阀、增压端入口电动阀、增压端入口切断阀与紧急切断阀处于开启状态，防喘振阀处于自动模式。

(5)确认 AMB 控制柜和 UCP 面板上转子已悬浮状态指示灯与允许旋转指示灯亮。

3.2 启动步骤

(1)DCS 上打开膨胀机增压端出口气动阀。

(2)DCS 上打开膨胀端入口阀门，将膨胀端入口电动阀旁通阀打开进行均压，上下游压力相同时打开膨胀端入口阀电动阀，确认叶轮无转动，机组准备启动。

(3)现场打开膨胀端和增压端机壳体排污阀(1/4 圈)，排液完成后关闭。

(4)确认膨胀端入口导叶处于关闭状态，在 UCP 操作面板上将 IGV 控制器设为手动。

(5)确认防喘振阀处于自动全开状态。

(6)检查确认所有排污阀和放空阀全部关闭、安全阀及切断阀正确投运、低温分离器液位低于报警值。

(7)确认无任何报警和停车信号，按下复位按钮复位膨胀机组“公共停机”报警指示，显示“膨胀机就位”。

(8)UCP 上按下膨胀机启动按钮，膨胀机入口速关阀自动打开。确认导通膨胀端流程后，打开增压端出口电动阀，确认导通增压端流程。

(9)在 UCP 操作面板上通过 IGV 控制器手动逐步开大入口导叶，使转速在启动 1 分钟内达到最小转速1500r/min，否则磁力轴承控制柜会使机组跳车。确认DCS画面与UCP面板中入口导叶开度相同，在UCP操作面板上将IGV控制器设为自动。

(10)DCS逐步开大入口导叶，同时手动关闭J-T阀，膨胀机转速增加，防喘振控制器开始关闭防喘振阀。

(11)根据工艺要求(压力、流量)控制入口导叶开度，转速超驰控制器将限制膨胀机转速在报警值以下。

4 操作要点

(1)为防止密封件损坏，充压速率不应过快。

(2)膨胀机负荷的提升要配合J-T阀同时开展，保证气量稳定的同时，确保脱甲烷塔压力等参数稳定。

5 安全注意事项

(1)首次开车或检修后开车应使用氮气置换系统内氧气，以免形成爆炸性混合气体。

(2)操作人员着劳保装，注意膨胀机出口处低温伤害。

6 突发事件应急处理

应急事故预防与处置措施见表2-2-1-1。

表2-2-1-1 应急事故预防与处置措施

故障	可能原因	处置措施
密封气管线冷冻	密封气压力或温度过低，工艺气体窜入密封气管线中	检查密封气调节器是否工作正常、密封气供气是否符合要求，调整密封气温度压力
喘振	压缩机吸入口流量不足	保持压缩机防喘阀打开，直到流量满足要求
磁力轴承控制柜温度高	底部散热风扇堵塞或故障	及时检查清理

拓展知识阅读推荐：

计光华. 透平膨胀机. 机械工业出版社，1985，11.

项目二 膨胀机停机

1 项目简介

膨胀机出现故障或检维修前，需进行停运。

2 操作前准备

(1)穿防静电工衣、工裤、工鞋，戴好安全帽、手套。

(2)携带小号、中号防爆F扳手各一把。

3 操作步骤

3.1 停机前准备

(1)分析停机原因，选择合适的停机方法。

(2)接调度指令后再停机。

3.2 停机前检查

(1)检查膨胀机各项参数。

(2)检查密封气和仪表系统。

3.3　正常停机

(1)DCS 调节 IGV，逐渐关小导叶开度(或在机柜间 UCP 面板上将入口导叶控制器 HIC－04A0401 转为手动模式，逐步减小入口导叶开度)，进入膨胀端的气量降低。

(2)逐步增大 J－T 阀开度[与(1)做好相互配合]。

(3)当机组转速达到最低转数以下，或者入口导叶阀全关时，UCP 或 LCP 上按下“膨胀机停机”按钮，膨胀机入口速关阀自动关闭，增压端防喘振阀自动打开。

(4)DCS 关闭增压端出口切断阀，检查确认转速为 0。

(5)DCS 关闭膨胀端入口切断阀。

说明：如果再次启动，则执行启动操作流程。如果长期停机，则执行隔离和泄压流程。

3.4　紧急停机

(1)一旦触发联锁(或人为按急停按钮)，膨胀机入口速关阀迅速关闭，增压端防喘振阀自动打开。

(2)立即增大 J－T 阀开度，保证流程畅通。

(3)DCS 关闭增压端出口切断阀，检查确认转速为 0。

(4)DCS 关闭膨胀端入口切断阀。

4　操作要点

(1)停机时要保证密封气和仪电控系统正常工作。

(2)膨胀机停机的同时要配合 J－T 阀同步开展，保证气量稳定的同时，确保脱甲烷塔压力等参数稳定。

(3)膨胀机异常停机后，立即打开贫气压缩机防喘阀，打开 J－T 阀。

5　安全注意事项

(1)膨胀机出现液击、轴振动、轴向推力增大，自动推力平衡系统失灵、超速、超压等故障时，报警联锁没有动作，应采取紧急停机。

(2)操作人员着劳保装，注意膨胀机出口处低温伤害。

(3)事情危急到会造成人身伤害及设备损坏时可先自行果断紧急停车处理，之后再逐级上报领导。

6　突发事件应急处理

应急事故预防与处置见表 2－2－2－1。

表 2－2－2－1　应急事故预防与处置

故障	可能原因	补救措施
密封气管线冷冻	密封气压力或温度过低，工艺气体窜入密封气管线中	检查密封气调节器是否工作正常、密封气供气是否符合要求，调整密封气温度压力
喘振	压缩机吸入口流量不足	保持压缩机防喘阀打开，直到流量满足要求
磁力轴承控制柜温度高	底部散热风扇堵塞或故障	及时检查清理

拓展知识阅读推荐：

计光华．透平膨胀机．机械工业出版社，1985，11.

项目三　脱甲烷塔塔底泵启机

1　项目简介

脱甲烷塔底回收得到的 C_{2+} 液烃经过塔底增压泵增压后，进入塔底重沸器和脱乙烷塔进料换热器升温后至脱乙烷塔。

启机的目的是提升脱甲烷塔塔底回收得到的 C_{2+} 液烃压力，使其顺利进入脱乙烷塔。

2　操作前准备

(1)穿防静电工衣、工裤、工鞋，戴好安全帽、手套。

(2)携带小号、中号防爆 F 扳手各一把。

3　操作步骤

3.1　启动前检查

(1)检查地脚螺栓齐全，无松动现象。

(2)压力表根部阀全开，压力表正常。

(3)通知电工送电，检查现场控制按钮及指示是否正常。

(4)打开入口阀旁通进行预冷，待泵体温度和介质温度相近时全开入口阀，出口阀不开，打开出口旁通阀，然后打开排气阀排气。

(5)预冷排气完后关闭排气阀，关闭出口旁通阀。

3.2　启机操作

(1)和中控操作员联系，启泵。

(2)首次启机需点动机泵，点动时注意泵内有无杂音、运转是否平稳。通过泵的出口压力表来判断电机的转向，在灌泵充分的条件下，如果泵的扬程为数据单上扬程的 40% ~ 50%，则表明转向错误，此时应停车。

(3)按下启动按钮，待出口压力稳定后缓慢开出口阀。检查流量、扬程、电机电流等参数。

3.3　运行中的检查及操作

(1)检查压力表的指示值正常。

(2)运转的声音、振动无异常。

(3)检查流量、电机电流等参数符合要求。

(4)检查电机定子温度、电机腔体压力、轴承温度正常。

4　操作要点

(1)启泵时需确保脱甲烷塔塔底介质温度与泵体温度差在合理范围。

(2)投产启动时，通过调整脱甲烷塔与脱乙烷塔压差的方式，将不合格脱甲烷塔塔底液压入脱乙烷塔，待参数稳定后再启动脱甲烷塔塔底泵。

5　安全注意事项

(1)每次启动前必须灌泵充分，严禁泵内无液启动。

(2)点动时间不宜过长。

6　突发事件应急处理

应急事故预防与处置措施见表 2－2－3－1。

表2-2-3-1 应急事故预防与处置措施

问题	原因	处置措施
抽不上介质	吸入压头过低	提高吸入压头，可升高入口容器液位或气相压力
	吸入或输出管路阀门关闭	打开阀门
	吸入管路仍存在气体或管路漏气、堵塞	排出吸入管路中的气体，检查清洗管路和过滤网
	泵内存在气体或蒸汽	再次排气，检查管路是否向下倾斜地接入泵入口
流量太小	灌泵不充分	充分灌泵
	入口管路阀门未充分打开	完全打开阀门
	管路、叶轮、过滤器堵塞、结垢	彻底清洗
	转向错误	改变两根外部接线相序
	管路配置不合理	调整管路
	泵规格不符，实际泵出口压头比订货中的高： (1)实际要求出口压头过高； (2)出口管路摩擦损失大； (3)介质密度、黏度比订货中的高	同厂家联系
扬程不够	流量过大	关小出口阀
	转向错误	改变两根外部接线相序
	泵规格不符	同厂家联系
流量过大	实际出口压头比订货中的低	关小出口阀
泵工作不稳定噪声或振动大	吸入压头低	提高吸入压头，如有可能给容器加压、提高液位或降低泵的安装位置
	入口阀没有完全打开	开大入口阀
	泵灌注和排气不充分	充分灌泵
	泵内有异物	拆泵检查并冲洗
	轴承损坏(通常伴随着消耗功率增长)	更换轴承
	零件磨损、变形	需要解体检查，同厂家联系
	泵内部腐蚀	
滑动轴承损坏	缺液运转	需要解体检查，更换轴承并分析故障原因
	含有颗粒的介质进入转子腔	
	轴向力不平衡	
电机绝缘过低	电机受潮	电机烘干
	电机进液	需要解体检查，同厂家联系
	电机损坏	
电机不能正常启动	至少两根接线保险丝断	更换保险丝，检查接线头的连接
	处于断路状态	检查主要接线
	电机过载	关闭出口阀，再次启动
	轴被卡住或泵内有异物	需要解体检查，同厂家联系
	电机损坏	检查三相绕组的绝缘，确认后同厂家联系

续表

问题	原因	处置措施
电机过热（电机绕组保护报警）	电机过载、消耗功率过高	关小出口阀门直至达到正常的功率消耗水平
	电压过高	调整电压
	泵工作在最小流量以下	加大流量
	电机夹套的换热效果差	加大冷却水流量，清理电机夹套的冷却水管路
	泵内淤积，轴孔堵塞	同厂家联系
电机过载	流量过大	关小出口阀门
	介质的密度或黏度比订货中的高	同厂家联系
后轴承体上温度检测装置报警	转子腔内仍有气体	充分灌泵
	换热器的换热效果差	加大冷却水流量，清洗换热器管的冷却水管路
	泵工作在最小流量以下	加大流量
	泵内淤积，轴孔堵塞	同厂家联系

拓展知识阅读推荐：

王世厚．泵和压缩机．中国石化出版社，1992.

项目四　脱甲烷塔塔底泵停机

1　项目简介

脱甲烷塔塔底泵出现故障或检维修前，需进行停运。

2　操作前准备

(1)穿防静电工衣、工裤、工鞋，戴好安全帽、手套。

(2)携带小号、中号防爆 F 扳手各一把。

3　操作步骤

3.1　停机前检查

(1)检查地脚螺栓齐全，无松动现象。

(2)压力表根部阀全开，压力表正常。

(3)检查脱甲烷塔塔底泵各项参数正常。

(4)接调度指令后再停机，同时通知电气和外操人员做好准备。

3.2　正常停车

(1)关闭出口阀。

(2)按下停泵按钮。

(3)关闭进口阀。

3.3　紧急停车

3.3.1　紧急停车条件

(1)工作液的温度或冷却系统的异常引起的过热。

(2)线圈的电流过载，电动机也会因过载而引起电流继电器跳闸。

(3)泵开启后，有严重汽蚀，并有强烈振动。

3.3.2 紧急停车步骤

(1)中控停泵或者现场按下停泵按钮。

(2)关闭出口阀。

3.4 停机后的检查及操作

(1)通知电气人员断电。

(2)通知设备人员及时分析泵出现故障的原因。

(3)排除泵体内的工艺介质，并吹扫干净。

(4)对泵进行检修。

4 操作要点

(1)接调度室通知后再停泵。

(2)停泵时必须有外操人员在现场确认，防止中控给停机信号而现场未停现象发生。

(3)事情危急到会造成人身伤害及设备损坏时可先自行果断紧急停车处理，之后再逐级上报领导。

5 安全注意事项

(1)停泵后注意甲烷塔底液位不超报警值。

(2)停泵后注意甲烷塔底温度不能过低。

(3)需要检修的泵，还要排除泵体内的工艺介质，并吹扫干净，以备检修。

(4)泵长时间停止，要排出泵内的输送介质及冷却系统等辅助配管内的液体。

6 突发事件应急处理

应急事故预防与处置措施见表2－2－4－1。

表2－2－4－1 应急事故预防与处置措施

问题	原因	处置措施
抽不上介质	吸入压头过低	提高吸入压头，可升高入口容器液位或气相压力
	吸入或输出管路阀门关闭	打开阀门
	吸入管路仍存在气体或管路漏气、堵塞	排出吸入管路中的气体，检查清洗管路和过滤网
	泵内存在气体或蒸汽	再次排气，检查管路是否向下倾斜地接入泵入口
流量太小	灌泵不充分	充分灌泵
	入口管路阀门未充分打开	完全打开阀门
	管路、叶轮、过滤器堵塞结垢	彻底清洗
	转向错误	改变两根外部接线相序
	管路配置不合理	调整管路
	泵规格不符，实际泵出口压头比订货中的高： (1)实际要求出口压头过高； (2)出口管路摩擦损失大； (3)介质密度、黏度比订货中的高	同厂家联系
扬程不够	流量过大	关小出口阀
	转向错误	改变两根外部接线相序
	泵规格不符	同厂家联系

续表

问题	原因	处置措施
流量过大	实际出口压头比订货中的低	关小出口阀
泵工作不稳定噪声或振动大	吸入压头低	提高吸入压头，如有可能给容器加压、提高液位或降低泵的安装位置
	入口阀没有完全打开	开大入口阀
	泵灌注和排气不充分	充分灌泵
	泵内有异物	拆泵检查并冲洗
	轴承损坏(通常伴随着消耗功率增长)	更换轴承
	零件磨损、变形	需要解体检查，同厂家联系
	泵内部腐蚀	
滑动轴承损坏	缺液运转	需要解体检查，更换轴承并分析故障原因
	含有颗粒的介质进入转子腔	
	轴向力不平衡	
电机绝缘过低	电机受潮	电机烘干
	电机进液	需要解体检查，同厂家联系
	电机损坏	
电机不能正常启动	至少两根接线保险丝中断	更换保险丝，检查接线头的连接
	处于断路状态	检查主要接线
	电机过载	关闭出口阀，再次启动
	轴被卡住或泵内有异物	需要解体检查，同厂家联系
	电机损坏	检查三相绕组的绝缘，确认后同厂家联系
电机过热(电机绕组保护报警)	电机过载、消耗功率过高	关小出口阀门直至达到正常的功率消耗水平
	电压过高	调整电压
	泵工作在最小流量以下	加大流量
	电机夹套的换热效果差	加大冷却水流量，清理电机夹套的冷却水管路
	泵内淤积，轴孔堵塞	同厂家联系
电机过载	流量过大	关小出口阀门
	介质的密度或黏度比订货中的高	同厂家联系
后轴承体上温度检测装置报警	转子腔内仍有气体	充分灌泵
	换热器的换热效果差	加大冷却水流量，清洗换热器管的冷却水管路
	泵工作在最小流量以下	加大流量
	泵内淤积，轴孔堵塞	同厂家联系

拓展知识阅读推荐：

王世厚．泵和压缩机．中国石化出版社，1992.

项目五　侧线泵启机

1　项目简介

脱甲烷塔设置侧沸管路，侧沸液烃经侧线增压泵增压输送至冷箱回收冷量，本身汽化升温后返回脱甲烷塔底部。

启动侧线泵的目的是稳定侧线回冷箱的流量，保证脱甲烷塔参数稳定，同时提高脱甲烷塔精馏效率，减少冷量损失。

2　操作前准备

(1)穿防静电工衣、工裤、工鞋，戴好安全帽、手套。

(2)携带小号、中号防爆 F 扳手各一把。

3　操作步骤

3.1　启动前检查

(1)检查地脚螺栓齐全，无松动现象。

(2)压力表根部阀全开，压力表正常。

(3)通知电工送电，检查现场控制按钮及指示正常。

(4)打开入口阀旁通进行预冷，待泵体温度和介质温度相近时全开入口阀，出口阀不开，打开出口旁通阀，然后打开排气阀排气。

(5)预冷排气完后关闭排气阀，关闭出口旁通阀。

3.2　启运操作

(1)和中控操作员联系，启泵。

(2)首次启运需点动机泵，点动时注意泵内有无杂音，运转是否平稳。通过泵的出口压力表来判断电机的转向，在灌泵充分的条件下，如果泵的扬程为数据单上扬程的40% ~ 50%，则表明转向错误，此时应停车。

(3)按下启动按钮，待出口压力稳定后缓慢开出口阀。检查流量、扬程、电机电流等参数符合要求，运转稳定。

3.3　运行中的检查及操作

(1)压力表的指示值正常。

(2)运转的声音、振动无异常。

(3)检查流量、电机电流等参数符合要求。

(4)检查电机定子温度、电机腔体压力、轴承温度正常。

4　操作要点

(1)启泵时需确保介质温度与泵体温度差在合理范围。

(2)投产启动时，侧线液位在报警值以上，防止泵汽蚀，造成泵损坏。

(3)出口阀门应缓慢开启，防止因流量过大，造成电流过高，停泵。

5　安全注意事项

(1)每次启动前必须灌泵充分，严禁泵内无液启动。

(2)点动时间不宜过长。

6　突发事件应急处理

应急事故预防与处置措施见表 2 - 2 - 5 - 1。

表 2-2-5-1　应急事故预防与处置措施

问题	原因	处置措施
抽不上介质	吸入压头过低	提高吸入压头，可升高入口容器液位或气相压力
	吸入或输出管路阀门关闭	打开阀门
	吸入管路仍存在气体或管路漏气、堵塞	排出吸入管路中的气体，检查清洗管路和过滤网
	泵内存在气体或蒸汽	再次排气，检查管路是否向下倾斜地接入泵入口
流量太小	灌泵不充分	充分灌泵
	入口管路阀门未充分打开	完全打开阀门
	管路、叶轮、过滤器堵塞结垢	彻底清洗
	转向错误	改变两根外部接线相序
	管路配置不合理	调整管路
	泵规格不符，实际泵出口压头比订货中的高： (1)实际要求出口压头过高； (2)出口管路摩擦损失大； (3)介质密度、黏度比订货中的高	同厂家联系
扬程不够	流量过大	关小出口阀
	转向错误	改变两根外部接线相序
	泵规格不符	同厂家联系
流量过大	实际出口压头比订货中的低	关小出口阀
泵工作不稳定噪声或振动大	吸入压头低	提高吸入压头，如有可能给容器加压、提高液位或降低泵的安装位置
	入口阀没有完全打开	开大入口阀
	泵灌注和排气不充分	充分灌泵
	泵内有异物	拆泵检查并冲洗
	轴承损坏(通常伴随着消耗功率增长)	更换轴承
	零件磨损、变形	需要解体检查，同厂家联系
	泵内部腐蚀	
滑动轴承损坏	缺液运转	需要解体检查，更换轴承并分析故障原因
	含有颗粒的介质进入转子腔	
	轴向力不平衡	
电机绝缘过低	电机受潮	电机烘干
	电机进液	需要解体检查，同厂家联系
	电机损坏	
电机不能正常启动	至少两根接线保险丝中断	更换保险丝，检查接线头的连接
	处于断路状态	检查主要接线
	电机过载	关闭出口阀，再次启动
	轴被卡住或泵内有异物	需要解体检查，同厂家联系
	电机损坏	检查三相绕组的绝缘，确认后同厂家联系

续表

问题	原因	处置措施
电机过热（电机绕组保护报警）	电机过载、消耗功率过高	关小出口阀门直至达到正常的功率消耗水平
	电压过高	调整电压
	泵工作在最小流量以下	加大流量
	电机夹套的换热效果差	加大冷却水流量，清理电机夹套的冷却水管路
	泵内淤积，轴孔堵塞	同厂家联系
电机过载	流量过大	关小出口阀门
	介质的密度或黏度比订货中的高	同厂家联系
后轴承体上温度检测装置报警	转子腔内仍有气体	充分灌泵
	换热器的换热效果差	加大冷却水流量，清洗换热器管的冷却水管路
	泵工作在最小流量以下	加大流量
	泵内淤积，轴孔堵塞	同厂家联系

拓展知识阅读推荐：

王世厚．泵和压缩机．中国石化出版社，1992.

项目六　侧线泵停机

1　项目简介

侧线泵出现故障或检维修前，需进行停运。

2　操作前准备

(1)穿防静电工衣、工裤、工鞋，戴好安全帽、手套。

(2)携带小号、中号防爆 F 扳手各一把。

3　操作步骤

3.1　停机前检查

(1)检查地脚螺栓齐全，无松动现象。

(2)压力表根部阀全开，压力表正常。

(3)检查脱甲烷塔塔底泵各项参数正常。

(4)接调度指令后再停机，同时通知电气和外操人员做好准备。

3.2　正常停车

(1)关闭出口阀。

(2)按下停泵按钮。

(3)关闭进口阀。

3.3　紧急停车

3.3.1　紧急停车条件

(1)工作液的温度或冷却系统的异常引起的过热。

(2)线圈的电流过载，电动机也会因过载而引起电流继电器跳闸。

(3)泵开启后，有严重汽蚀，并有强烈振动。

3.3.2 紧急停车步骤

(1)中控停泵或者现场按下停泵按钮。

(2)关闭出口阀。

3.4 停机后的检查及操作

(1)通知电气人员及时断电。

(2)通知设备人员及时分析泵出现故障的原因。

(3)排除泵体内的工艺介质，并吹扫干净。

(4)对泵进行检修。

4 操作要点

(1)接调度室通知后再停泵。

(2)停泵时必须有外操人员在现场确认，防止中控给停机信号而现场未停现象发生。

(3)事情危急到会造成人身伤害及设备损坏时可先自行果断紧急停车处理，之后再逐级上报领导。

5 安全注意事项

(1)停泵后注意侧线液位不要过高。

(2)停泵的同时，缓慢开启侧线泵的旁通阀，保持侧线液位稳定。

(3)需要检修的泵，还要排除泵体内的工艺介质，并吹扫干净，以备检修。

(4)泵长时间停机，要排出泵内的输送介质及冷却系统等辅助配管内的液体。

6 突发事件应急处理

应急事故预防与处置措施见表2－2－6－1。

表2－2－6－1 应急事故预防与处置措施

问题	原因	处置措施
抽不上介质	吸入压头过低	提高吸入压头，可升高入口容器液位或气相压力
	吸入或输出管路阀门关闭	打开阀门
	吸入管路仍存在气体或管路漏气、堵塞	排出吸入管路中的气体，检查清洗管路和过滤网
	泵内存在气体或蒸汽	再次排气，检查管路是否向下倾斜地接入泵入口
流量太小	灌泵不充分	充分灌泵
	入口管路阀门未充分打开	完全打开阀门
	管路、叶轮、过滤器堵塞结垢	彻底清洗
	转向错误	改变两根外部接线相序
	管路配置不合理	调整管路
	泵规格不符，实际泵出口压头比订货中的高： (1)实际要求出口压头过高； (2)出口管路摩擦损失大； (3)介质密度、黏度比订货中的高	同厂家联系
扬程不够	流量过大	关小出口阀
	转向错误	改变两根外部接线相序
	泵规格不符	同厂家联系

续表

问题	原因	处置措施
流量过大	实际出口压头比订货中的低	关小出口阀
泵工作不稳定噪声或振动大	吸入压头低	提高吸入压头，如有可能给容器加压、提高液位或降低泵的安装位置
	入口阀没有完全打开	开大入口阀
	泵灌注和排气不充分	充分灌泵
	泵内有异物	拆泵检查并冲洗
	轴承损坏(通常伴随着消耗功率增长)	更换轴承
	零件磨损、变形	需要解体检查，同厂家联系
	泵内部腐蚀	
滑动轴承损坏	缺液运转	需要解体检查，更换轴承并分析故障原因
	含有颗粒的介质进入转子腔	
	轴向力不平衡	
电机绝缘过低	电机受潮	电机烘干
	电机进液	需要解体检查，同厂家联系
	电机损坏	
电机不能正常启动	至少两根接线保险丝中断	更换保险丝，检查接线头的连接
	处于断路状态	检查主要接线
	电机过载	关闭出口阀，再次启动
	轴被卡住或泵内有异物	需要解体检查，同厂家联系
	电机损坏	检查三相绕组的绝缘，确认后同厂家联系
电机过热(电机绕组保护报警)	电机过载、消耗功率过高	关小出口阀门直至达到正常的功率消耗水平
	电压过高	调整电压
	泵工作在最小流量以下	加大流量
	电机夹套的换热效果差	加大冷却水流量，清理电机夹套的冷却水管路
	泵内淤积，轴孔堵塞	同厂家联系
电机过载	流量过大	关小出口阀门
	介质的密度或黏度比订货中的高	同厂家联系
后轴承体上温度检测装置报警	转子腔内仍有气体	充分灌泵
	换热器的换热效果差	加大冷却水流量，清洗换热器管的冷却水管路
	泵工作在最小流量以下	加大流量
	泵内淤积，轴孔堵塞	同厂家联系

拓展知识阅读推荐：

王世厚．泵和压缩机．中国石化出版社，1992.

项目七　乙烷回流泵启机

1　项目简介

脱乙烷塔塔顶气相物流进入脱乙烷塔塔顶冷凝器冷凝液化后进入脱乙烷塔回流罐，分为两部分，一部分进入下游乙烷脱碳装置，另一部分经脱乙烷塔回流泵增压后返回脱乙烷塔顶部作为回流液。

启动乙烷回流泵的目的是建立脱乙烷塔回流，提高脱乙烷塔精馏效率，提高产品质量。

2　操作前准备

(1)穿防静电工衣、工裤、工鞋，戴好安全帽、手套。

(2)携带小号、中号防爆 F 扳手各一把。

3　操作步骤

3.1　启动前检查

(1)检查地脚螺栓齐全，无松动现象。

(2)压力表根部阀全开，压力表正常。

(3)通知电工送电，检查现场控制按钮及指示正常。

(4)打开入口阀旁通进行预冷，待泵体温度和介质温度相近时全开入口阀，出口阀不开，打开出口旁通阀，然后打开排气阀排气。

(5)预冷排气完后关闭排气阀，关闭出口旁通阀。

3.2　启机操作

(1)和中控操作员联系，启泵。

(2)首次启机需点动机泵，点动时注意泵内有无杂音，运转是否平稳。通过泵的出口压力表来判断电机的转向，在灌泵充分的条件下，如果泵的扬程为数据单上扬程的40% ~ 50%，则表明转向错误，此时应停车。

(3)按下启动按钮，待出口压力稳定后缓慢开出口阀。检查流量、扬程、电机电流等参数符合要求，运转稳定。

3.3　运行中的检查及操作

(1)压力表的指示值正常。

(2)运转的声音、振动无异常。

(3)检查流量、电机电流等参数符合要求。

(4)检查电机定子温度、电机腔体压力、轴承温度正常。

4　操作要点

(1)启泵时需确保乙烷回流罐底介质温度与泵体温度差在合理范围。

(2)投产启动时，液化气回流罐液位在报警值以上，防止泵汽蚀，造成泵损坏。

(3)出口阀门应缓慢开启，防止因流量过大，造成电流过高，而停泵。

5　安全注意事项

(1)每次启动前必须灌泵充分，严禁泵内无液启动。

(2)点动时间不宜过长。

6　突发事件应急处理

应急事故预防与处置措施见表 2 - 2 - 7 - 1。

表2-2-7-1　应急事故预防与处置措施

问题	原因	处置措施
抽不上介质	吸入压头过低	提高吸入压头，可升高入口容器液位或气相压力
	吸入或输出管路阀门关闭	打开阀门
	吸入管路存在气体或管路漏气、堵塞	排出吸入管路中的气体，检查清洗管路和过滤网
	泵内存在气体或蒸汽	再次排气，检查管路是否向下倾斜地接入泵入口
流量太小	灌泵不充分	充分灌泵
	入口管路阀门未充分打开	完全打开阀门
	管路、叶轮、过滤器堵塞结垢	彻底清洗
	转向错误	改变两根外部接线相序
	管路配置不合理	调整管路
	泵规格不符，实际泵出口压头比订货中的高： (1)实际要求出口压头过高； (2)出口管路摩擦损失大； (3)介质密度、黏度比订货中的高	同厂家联系
扬程不够	流量过大	关小出口阀
	转向错误	改变两根外部接线相序
	泵规格不符	同厂家联系
流量过大	实际出口压头比订货中的低	关小出口阀
泵工作不稳定噪声或振动大	吸入压头低	提高吸入压头，如有可能给容器加压、提高液位或降低泵的安装位置
	入口阀没有完全打开	开大入口阀
	泵灌注和排气不充分	充分灌泵
	泵内有异物	拆泵检查并冲洗
	轴承损坏(通常伴随着消耗功率增长)	更换轴承
	零件磨损、变形	需要解体检查，同厂家联系
	泵内部腐蚀	
滑动轴承损坏	缺液运转	需要解体检查，更换轴承并分析故障原因
	含有颗粒的介质进入转子腔	
	轴向力不平衡	
电机绝缘过低	电机受潮	电机烘干
	电机进液	需要解体检查，同厂家联系
	电机损坏	
电机不能正常启动	至少两根接线保险丝中断	更换保险丝，检查接线头的连接
	处于断路状态	检查主要接线
	电机过载	关闭出口阀，再次启动
	轴被卡住或泵内有异物	需要解体检查，同厂家联系
	电机损坏	检查三相绕组的绝缘，确认后同厂家联系

续表

问题	原因	处置措施
电机过热（电机绕组保护报警）	电机过载、消耗功率过高	关小出口阀门直至达到正常的功率消耗水平
	电压过高	调整电压
	泵工作在最小流量以下	加大流量
	电机夹套的换热效果差	加大冷却水流量，清理电机夹套的冷却水管路
	泵内淤积，轴孔堵塞	同厂家联系
电机过载	流量过大	关小出口阀门
	介质的密度或黏度比订货中的高	同厂家联系
后轴承体上温度检测装置报警	转子腔内仍有气体	充分灌泵
	换热器的换热效果差	加大冷却水流量，清洗换热器管的冷却水管路
	泵工作在最小流量以下	加大流量
	泵内淤积，轴孔堵塞	同厂家联系

拓展知识阅读推荐：

王世厚. 泵和压缩机. 中国石化出版社，1992.

项目八　乙烷回流泵停机

1　项目简介

乙烷回流泵出现故障或检维修前，需进行停运。

2　操作前准备

(1)穿防静电工衣、工裤、工鞋，戴好安全帽、手套。

(2)携带小号、中号防爆 F 扳手各一把。

3　操作步骤

3.1　停机前检查

(1)检查地脚螺栓齐全，无松动现象。

(2)压力表根部阀全开，压力表正常。

(3)检查脱甲烷塔塔底泵各项参数正常。

(4)接调度指令后再停机，同时通知电气和外操人员做好准备。

3.2　正常停车

(1)关闭出口阀。

(2)按下停泵按钮。

(3)关闭进口阀。

3.3　紧急停车

3.3.1　紧急停车条件

(1)工作液的温度或冷却系统的异常引起的过热。

(2)线圈的电流过载，电动机会因过载而引起电流继电器跳闸。

(3)泵开启后，有严重汽蚀，并有强烈振动。

3.3.2　紧急停车步骤

(1)中控停泵或者现场按下停泵按钮。

(2)关闭出口阀。

3.4　停机后的检查及操作

(1)通知电气人员断电。

(2)通知设备人员分析泵出现故障的原因。

(3)排除泵体内的工艺介质，并吹扫干净。

(4)对泵进行检修。

4　操作要点

(1)接调度室通知后再停泵。

(2)停泵时必须有外操人员在现场确认，防止中控给停机信号而现场未停现象发生。

(3)事情危急到会造成人身伤害及设备损坏时可先自行果断紧急停车处理，之后再逐级上报领导。

5　安全注意事项

(1)停泵后注意乙烷回流罐的液位不能超报警值。

(2)如非正常停机，应及时降低装置处理量，降低脱乙烷塔塔底温度，降低丙烷压缩机负荷，防止乙烷回流罐液位过高，往后带液。

(3)需要检修的泵，还要排除泵体内的工艺介质，并吹扫干净，以备检修。

(4)泵长时间停机，要排出泵内的输送介质及冷却系统等辅助配管内的液体。

6　突发事件应急处理

应急事故预防与处置措施见表2－2－8－1。

表2－2－8－1　应急事故预防与处置措施

问题	原因	处置措施
抽不上介质	吸入压头过低	提高吸入压头，可升高入口容器液位或气相压力
	吸入或输出管路阀门关闭	打开阀门
	吸入管路仍存在气体或管路漏气、堵塞	排出吸入管路中的气体，检查清洗管路和过滤网
	泵内存在气体或蒸汽	再次排气，检查管路是否向下倾斜地接入泵入口
流量太小	灌泵不充分	充分灌泵
	入口管路阀门未充分打开	完全打开阀门
	管路、叶轮、过滤器堵塞结垢	彻底清洗
	转向错误	改变两根外部接线相序
	管路配置不合理	调整管路
	泵规格不符，实际泵出口压头比订货中的高： (1)实际要求出口压头过高； (2)出口管路摩擦损失大； (3)介质密度、黏度比订货中的高	同厂家联系
扬程不够	流量过大	关小出口阀
	转向错误	改变两根外部接线相序
	泵规格不符	同厂家联系

续表

问题	原因	处置措施
流量过大	实际出口压头比订货中的低	关小出口阀
泵工作不稳定噪声或振动大	吸入压头低	提高吸入压头，如有可能给容器加压、提高液位或降低泵的安装位置
	入口阀没有完全打开	开大入口阀
	泵灌注和排气不充分	充分灌泵
	泵内有异物	拆泵检查并冲洗
	轴承损坏(通常伴随着消耗功率增长)	更换轴承
	零件磨损、变形	需要解体检查，同厂家联系
	泵内部腐蚀	
滑动轴承损坏	缺液运转	需要解体检查，更换轴承并分析故障原因
	含有颗粒的介质进入转子腔	
	轴向力不平衡	
电机绝缘过低	电机受潮	电机烘干
	电机进液	需要解体检查，同厂家联系
	电机损坏	
电机不能正常启动	至少两根接线保险丝中断	更换保险丝，检查接线头的连接
	处于断路状态	检查主要接线
	电机过载	关闭出口阀，再次启动
	轴被卡住或泵内有异物	需要解体检查，同厂家联系
	电机损坏	检查三相绕组的绝缘，确认后同厂家联系
电机过热(电机绕组保护报警)	电机过载、消耗功率过高	关小出口阀门直至达到正常的功率消耗水平
	电压过高	调整电压
	泵工作在最小流量以下	加大流量
	电机夹套的换热效果差	加大冷却水流量，清理电机夹套的冷却水管路
	泵内淤积，轴孔堵塞	同厂家联系
电机过载	流量过大	关小出口阀门
	介质的密度或黏度比订货中的高	同厂家联系
后轴承体上温度检测装置报警	转子腔内仍有气体	充分灌泵
	换热器的换热效果差	加大冷却水流量，清洗换热器管的冷却水管路
	泵工作在最小流量以下	加大流量
	泵内淤积，轴孔堵塞	同厂家联系

拓展知识阅读推荐：

王世厚．泵和压缩机．中国石化出版社，1992.

项目九　液化气回流泵启机

1　项目简介

液化气回流罐液相经液化气塔塔顶回流泵增压，其中一部分液相返回液化气塔塔顶作为回流液，其余部分经液化气水冷器冷却后输送至储罐区的液化气球罐储存。

启动液化气回流泵的目的是建立液化气塔回流，提高液化气塔精馏效率，提高产品质量。

2　操作前准备

(1)穿防静电工衣、工裤、工鞋，戴好安全帽、手套。

(2)携带小号、中号防爆F扳手各一把。

3　操作步骤

3.1　启动前检查

(1)检查地脚螺栓齐全，无松动现象。

(2)压力表根部阀全开，压力表正常。

(3)通知电工送电，检查现场控制按钮及指示正常。

(4)打开入口阀旁通进行预冷，待泵体温度和介质温度相近时全开入口阀，出口阀不开，打开出口旁通阀，然后打开排气阀排气。

(5)预冷排气完后关闭排气阀，关闭出口旁通阀。

3.2　启机操作

(1)和中控操作员联系，启泵。

(2)首次启机需点动机泵，点动时注意泵内有无杂音，运转是否平稳。通过泵的出口压力表来判断电机的转向，在灌泵充分的条件下，如果泵的扬程为数据单上扬程的40%～50%，则表明转向错误，此时应停车。

(3)按下启动按钮，待出口压力稳定后缓慢开出口阀。检查流量、扬程、电机电流等参数符合要求，运转稳定。

3.3　运行中的检查及操作

(1)压力表的指示值是否正常。

(2)运转的声音、振动无异常。

(3)检查流量、电机电流等参数符合要求。

(4)检查电机定子温度、电机腔体压力、轴承温度正常。

4　操作要点

(1)启泵时需确保液化气回流罐底介质温度与泵体温度差在合理范围。

(2)投产启动时，一定要充分灌泵，液化气回流罐液位在低限以上，防止泵汽蚀，造成泵损坏。

(3)出口阀门应缓慢开启，防止因流量过大，造成电流过高，而停泵。

5　安全注意事项

(1)每次启动前必须灌泵充分，严禁泵内无液启动。

(2)点动时间不宜过长。

6　突发事件应急处理

应急事故预防与处置措施见表2-2-9-1。

表 2-2-9-1　应急事故预防与处置措施

问题	原因	处置措施
抽不上介质	吸入压头过低	提高吸入压头，可升高入口容器液位或气相压力
	吸入或输出管路阀门关闭	打开阀门
	吸入管路仍存在气体或管路漏气、堵塞	排出吸入管路中的气体，检查清洗管路和过滤网
	泵内存在气体或蒸汽	再次排气，检查管路是否向下倾斜地接入泵入口
流量太小	灌泵不充分	充分灌泵
	入口管路阀门未充分打开	完全打开阀门
	管路、叶轮、过滤器堵塞结垢	彻底清洗
	转向错误	改变两根外部接线相序
	管路配置不合理	调整管路
	泵规格不符，实际泵出口压头比订货中的高： (1)实际要求出口压头过高； (2)出口管路摩擦损失大； (3)介质密度、黏度比订货中的高	同厂家联系
扬程不够	流量过大	关小出口阀
	转向错误	改变两根外部接线相序
	泵规格不符	同厂家联系
流量过大	实际出口压头比订货中的低	关小出口阀
泵工作不稳定噪声或振动大	吸入压头低	提高吸入压头，如有可能给容器加压、提高液位或降低泵的安装位置
	入口阀没有完全打开	开大入口阀
	泵灌注和排气不充分	充分灌泵
	泵内有异物	拆泵检查并冲洗
	轴承损坏(通常伴随着消耗功率增长)	更换轴承
	零件磨损、变形	需要解体检查，同厂家联系
	泵内部腐蚀	
滑动轴承损坏	缺液运转	需要解体检查，更换轴承并分析故障原因
	含有颗粒的介质进入转子腔	
	轴向力不平衡	
电机绝缘过低	电机受潮	电机烘干
	电机进液	需要解体检查，同厂家联系
	电机损坏	
电机不能正常启动	至少两根接线保险丝中断	更换保险丝，检查接线头的连接
	处于断路状态	检查主要接线
	电机过载	关闭出口阀，再次启动
	轴被卡住或泵内有异物	需要解体检查，同厂家联系
	电机损坏	检查三相绕组的绝缘，确认后同厂家联系

续表

问题	原因	处置措施
电机过热（电机绕组保护报警）	电机过载、消耗功率过高	关小出口阀门直至达到正常的功率消耗水平
	电压过高	调整电压
	泵工作在最小流量以下	加大流量
	电机夹套的换热效果差	加大冷却水流量，清理电机夹套的冷却水管路
	泵内淤积，轴孔堵塞	同厂家联系
电机过载	流量过大	关小出口阀门
	介质的密度或黏度比订货中的高	同厂家联系
后轴承体上温度检测装置报警	转子腔内仍有气体	充分灌泵
	换热器的换热效果差	加大冷却水流量，清洗换热器管的冷却水管路
	泵工作在最小流量以下	加大流量
	泵内淤积，轴孔堵塞	同厂家联系

拓展知识阅读推荐：

王世厚．泵和压缩机．中国石化出版社，1992.

项目十　液化气回流泵停机

1　项目简介

液化气回流泵出现故障或检维修前，需进行停运。

2　操作前准备

(1)穿防静电工衣、工裤、工鞋，戴好安全帽、手套。

(2)携带小号、中号防爆 F 扳手各一把。

3　操作步骤

3.1　停机前检查

(1)检查地角螺栓齐全，无松动现象。

(2)压力表根部阀全开，压力表正常。

(3)检查脱甲烷塔塔底泵各项参数正常。

(4)接调度指令后再停机，同时通知电气和外操人员做好准备。

3.2　正常停车

(1)关闭出口阀。

(2)按下停泵按钮。

(3)关闭进口阀。

3.3　紧急停车

3.3.1　紧急停车条件

(1)工作液的温度或冷却系统的异常引起过热。

(2)线圈的电流过载，电动机会因过载而引起电流继电器跳闸。

(3)泵开启后，有严重汽蚀，并有强烈振动。

3.3.2　紧急停车步骤

(1)中控停泵或者现场按下停泵按钮。

(2)关闭出口阀。

3.4　停机后的检查及操作

(1)通知电气人员断电。

(2)通知设备人员分析泵出现故障的原因。

(3)排除泵体内的工艺介质，并吹扫干净。

(4)对泵进行检修。

4　操作要点

(1)接调度室通知后再停泵。

(2)停泵时必须有外操人员在现场确认，防止中控给停机信号而现场未停现象发生。

(3)事情危急到会造成人身伤害及设备损坏时可先自行果断紧急停车处理，之后再逐级上报领导。

5　安全注意事项

(1)停泵后注意液化气回流罐的液位不超上限。

(2)如非正常停机，应及时开大液化气至罐区调节阀，同时关小导热油调节阀开度，降低液化气塔塔底温度，防止液化气回流罐液位和液化气塔塔顶温度过高。

(3)需要检修的泵，还要排除泵体内的工艺介质，并吹扫干净，以备检修。

(4)泵长时间停机，要排出泵内的输送介质及冷却系统等辅助配管内的液体。

6　突发事件应急处理

应急事故预防与处置措施见表 2-2-10-1。

表 2-2-10-1　应急事故预防与处置措施

问题	原因	处置措施
抽不上介质	吸入压头过低	提高吸入压头，可升高入口容器液位或气相压力
	吸入或输出管路阀门关闭	打开阀门
	吸入管路仍存在气体或管路漏气、堵塞	排出吸入管路中的气体，检查清洗管路和过滤网
	泵内存在气体或蒸汽	再次排气，检查管路是否向下倾斜地接入泵入口
流量太小	灌泵不充分	充分灌泵
	入口管路阀门未充分打开	完全打开阀门
	管路、叶轮、过滤器堵塞结垢	彻底清洗
	转向错误	改变两根外部接线相序
	管路配置不合理	调整管路
	泵规格不符，实际泵出口压头比订货中的高： (1)实际要求出口压头过高； (2)出口管路摩擦损失大； (3)介质密度、黏度比订货中的高	同厂家联系
扬程不够	流量过大	关小出口阀
	转向错误	改变两根外部接线相序
	泵规格不符	同厂家联系

续表

问题	原因	处置措施
流量过大	实际出口压头比订货中的低	关小出口阀
泵工作不稳定噪声或振动大	吸入压头低	提高吸入压头，如有可能给容器加压、提高液位或降低泵的安装位置
	入口阀没有完全打开	开大入口阀
	泵灌注和排气不充分	充分灌泵
	泵内有异物	拆泵检查并冲洗
	轴承损坏(通常伴随着消耗功率增长)	更换轴承
	零件磨损、变形	需要解体检查，同厂家联系
	泵内部腐蚀	
滑动轴承损坏	缺液运转	需要解体检查，更换轴承并分析故障原因
	含有颗粒的介质进入转子腔	
	轴向力不平衡	
电机绝缘过低	电机受潮	电机烘干
	电机进液	需要解体检查，同厂家联系
	电机损坏	
电机不能正常启动	至少两根接线保险丝中断	更换保险丝，检查接线头的连接
	处于断路状态	检查主要接线
	电机过载	关闭出口阀，再次启动
	轴被卡住或泵内有异物	需要解体检查，同厂家联系
	电机损坏	检查三相绕组的绝缘，确认后同厂家联系
电机过热（电机绕组保护报警）	电机过载、消耗功率过高	关小出口阀门直至达到正常的功率消耗水平
	电压过高	调整电压
	泵工作在最小流量以下	加大流量
	电机夹套的换热效果差	加大冷却水流量，清理电机夹套的冷却水管路
	泵内淤积，轴孔堵塞	同厂家联系
电机过载	流量过大	关小出口阀门
	介质的密度或黏度比订货中的高	同厂家联系
后轴承体上温度检测装置报警	转子腔内仍有气体	充分灌泵
	换热器的换热效果差	加大冷却水流量，清洗换热器管的冷却水管路
	泵工作在最小流量以下	加大流量
	泵内淤积，轴孔堵塞	同厂家联系

拓展知识阅读推荐：

王世厚．泵和压缩机．中国石化出版社，1992.

项目十一　液化气塔空冷器启机

1　项目简介

自液烃回收装置脱乙烷塔塔底来的 C_{3+} 混烃进入液化气塔中部，塔顶气相进入液化气空冷器冷却，全部冷凝液化后进入液化气回流罐。

启动液化气塔空冷器的目的是降低塔顶采出液化气温度，冷凝后进入液化气回流罐。

2　操作前准备

(1)穿防静电工衣、工裤、工鞋，戴好安全帽、手套。

(2)携带小号、中号防爆 F 扳手各一把。

3　操作步骤

3.1　启动前检查

(1)检查待用空冷器各连接螺栓应紧固，无松动。

(2)检查待用空冷器风扇叶片、护罩完好牢固。

(3)检查待用空冷器皮带完好，无裂痕，松紧度适中。

(4)检查待用空冷器电机及其接线正确、坚固、完好。

(5)盘车 2～3 圈，保证无卡阻现象。

(6)通知电工送电，检查现场控制按钮及指示正常。

3.2　启机操作

3.2.1　变频操作

(1)中控操作员将变频频率调整至启机状态，远程启动空冷器。

(2)中控操作员根据空冷器出口温度远程调节频率。

(3)根据运行温度调节空冷器百叶窗和风扇叶片开度。

3.2.2　工频操作

(1)现场操作员按下启动按钮，启动空冷器。

(2)根据运行温度调节空冷器百叶窗和风扇叶片开度。

(3)检查空冷器运行，无异常声音和振动。

3.3　运行中的检查及操作

(1)检查空冷器各连接螺栓应紧固，无松动。

(2)检查空冷器风扇叶片、护罩完好牢固。

(3)检查空冷器皮带、电机运转正常。

(4)检查设备管束及各连接法兰无泄漏等异常现象。

4　操作要点

(1)风机表面保持清洁，进、出风口不应有杂物。

(2)风机在运行中要监控电机不要超过额定电流。

(3)不定期对轴承补充或更换润滑油脂。

5　安全注意事项

(1)停机后再次启动时，必须有外操人员在现场确认，防止首次启动叶片卡阻。

(2)冬季停运后要做好保温工作。

6　突发事件应急处理

6.1　风机故障原因及排除方法(表 2－2－11－1)

表 2-2-11-1　风机故障原因及排除方法

故障	产生原因	排除方法
风机振动及异常声响	轮毂上的平衡块脱落或检修后未校准平衡	轮毂重新平衡
	叶片安装角不一致，叶片高度差超出要求，叶片安装时没有将叶片向外拉靠紧夹块内端面	按要求重新安装
	叶片表面出现不均匀附着物	清理叶片表面
	主轴轴承损坏	更换轴承
	轮毂安装不正	调整锥套螺栓力度，均匀拧紧
	基础或机座的刚度不够或不牢固	查明原因，施以适当的修补和加固，拧紧螺母，加强支撑
	调角机构不正常，叶片不同步变角	检查修复调角机构
电机额定电流过大	叶片初始安装角过大	减小叶片安装角
	电机本身故障	查明原因
	手轮下锁紧螺母松动，角度变大	将角度调整到位并锁紧手轮
风量过小	叶片安装角过小	在电机允许功率范围内增大初始叶片安装角
	手轮下锁紧螺母松动，角度变小	将角度调整到位并锁紧手轮
	皮带太松，转速低	调整皮带松紧度
	叶片前后缘装反或工作面与非工作表面装反	重新装叶片
	叶轮转向相反	调整电机转向
启动时同步带跳齿	在启动时中心距改变，皮带松弛	检查带轮的胀紧是否松动，轴承座的定位是否失准
	延时启动速度转换过快	建议延时启动速度转换时间 >30s
同步带向一边偏拉	风机轴与电动机轴不平行	调整机架使两轴平行
	主、从动皮带轮位置偏离	调整带轮高低，使两皮带轮径向中心线处在同一平面上

6.2　电动机常见电气故障及处理方法(表 2-2-11-2)

表 2-2-11-2　电动机常见电气故障及处理方法

故障现象	故障原因	处理方法
电动机不能启动	电源未接通	检查开关、熔体、各接触点及电动机引出线接头
	绕组断路	将断路部位加热到绝缘等级允许的温度，使漆软化，然后将断线挑起，用同规格线将断掉部分补焊后，包好绝缘，再经涂漆、烘干处理
	绕组接地或相间匝间短路	处理办法同上，只是将接地或短路部位垫绝缘，然后涂漆烘干
	绕组接线错误	核对接线图，将端部加热后重新按正确接法接好(包括绑扎、绝缘处理及涂漆)
	熔体烧断	查出原因，排除故障，按电动机规格配新熔体
	控制设备接线错误	校正接线

续表

故障现象	故障原因	处理方法
电动机接入电源后，熔体被灼断	单相启动	检查电源线、电动机引出线、熔断器、开关各接触点，找出断线或假接故障后进行修复
	电动机负载过大或被卡住	将负载调至额定值，并排除被拖机械故障
	熔体截面积过小	熔体对电动机过载不起保护作用，一般应按下式选择熔体：熔体额定电流 = 启动电流/(2～3)
	电源到电动机之间的连接线短路	检查短路点后进行修复
电动机通电后不启动，嗡嗡响	电动机负载过大或被卡住	检查设备，排除故障
	电源未能全部接通	更换熔断器的熔体；紧固接线柱松动的螺钉；用万用表检查电源线的断线或假接故障，然后修复
	电压过低	如果△连接电动机误接成 Y 连接，应改回△连接，电源电压太低时，应与供电部门联系解决，电源线路压降太大造成电压过低时，应改粗电缆线
	对于小型电动机，润滑脂硬或装配太紧	选择合适的润滑脂，提高装配质量
电动机外壳带电	电源线与接地线搞错	纠正错误
	电动机绕组受潮，绝缘严重老化	电动机烘干处理，老化的绝缘要更新
	引出线与接线盒接地	绑扎或更新引出线绝缘，修理接线盒
电动机启动困难，加额定负载后，电动机转速比额定转速低	电源电压过低	用电压表或万用表检查电动机输入端电源电压大小，然后进行处理
	△连接绕组误接成 Y 连接	将 Y 连接改回△连接
	笼型转子开焊或断裂	检查开焊或断裂后，进行修理
	重绕时匝数过多	按正确绕组匝数重绕

拓展知识阅读推荐：

赖周平，张荣克．空气冷却器．中国石化出版社，2010.

项目十二　液化气塔空冷器停机

1　项目简介

液化气塔空冷器出现故障或检维修前，需进行停运。

2　操作前准备

(1)穿防静电工衣、工裤、工鞋，戴好安全帽、手套。

(2)携带小号、中号防爆 F 扳手各一把。

3　操作步骤

3.1　停机前的检查

(1)检查空冷器各连接螺栓应紧固，无松动。

(2)检查空冷器运行无异常声音和振动。

(3)检查空冷器各项参数正常。

(4)接调度指令后再停机，同时通知电气和外操人员做好准备。

3.2 正常停车

(1)变频：中控操作员远程停用空冷器。

(2)工频：现场操作员将操作柱按钮旋转至停止状态，停运空冷器。

3.3 紧急停车

3.3.1 紧急停车条件

(1)风机振动及异常声响。

(2)线圈的电流过载，电机也会因过载而引起电流继电器跳闸。

(3)同步带皮带向一边偏拉。

3.3.2 紧急停车步骤

(1)变频：中控操作员远程停用空冷器。

(2)工频：现场操作员将操作柱按钮旋转至停止状态，停运空冷器。

3.4 运行中的检查及操作

(1)通知电气人员断电。

(2)通知设备人员分析空冷器出现故障的原因。

(3)排除空冷器内的工艺介质，并吹扫干净。

(4)对空冷器进行检修。

4 操作要点

(1)接调度室通知后再停机。

(2)停机时必须有外操人员在现场确认，防止中控给停机信号而现场未停现象发生。

(3)事情危急到会造成人身伤害及设备损坏时可先自行果断紧急停车处理，之后再逐级上报领导。

5 安全注意事项

(1)停机后注意液化气回流罐的液位不能过低，防止液化气回流泵因液位不足，造成泵损坏。

(2)非正常停机，应及时关小液化气至罐区调节阀，同时关小导热油调节阀开度，降低液化气塔塔底温度，防止液化气回流罐液位过低和液化气塔塔顶压力过高。

6 突发事件应急处理

6.1 风机故障原因及排除方法(表2-2-12-1)

表2-2-12-1 风机故障原因及排除方法

故障	产生原因	排除方法
风机振动及异常声响	轮毂上的平衡块脱落或检修后未校准平衡	轮毂重新平衡
	叶片安装角不一致，叶片高度差超出要求，叶片安装时没有将叶片向外拉靠紧夹块内端面	按要求重新安装
	叶片表面出现不均匀附着物	清理叶片表面
	主轴轴承损坏	更换轴承
	轮毂安装不正	调整锥套螺栓力度，均匀拧紧
	基础或机座的刚度不够或不牢固	查明原因，施以适当的修补和加固，拧紧螺母，加强支撑
	调角机构不正常，叶片不同步变角	检查修复调角机构

续表

故障	产生原因	排除方法
电机额定电流过大	叶片初始安装角过大	减小叶片安装角
	电机本身故障	查明原因
	手轮下锁紧螺母松动，角度变大	将角度调整到位并锁紧手轮
风量过小	叶片安装角过小	在电机允许功率范围内增加初始叶片安装角
	手轮下锁紧螺母松动，角度变小	将角度调整到位并锁紧手轮
	皮带太松，转速低	调整皮带松紧度
	叶片前后缘装反或工作面与非工作表面装反	重新装叶片
	叶轮转向相反	调整电机转向
启动时同步带跳齿	在启动时中心距改变，皮带松弛	检查带轮的胀紧是否松动，轴承座的定位是否失准
	延时启动速度转换过快	建议延时启动速度转换时间 >30s
同步带皮带向一边偏拉	风机轴与电动机轴不平行	调整机架使两轴平行
	主、从动皮带轮位置偏离	调整带轮高低，使两皮带轮径向中心线处在同一平面上

6.2　电动机常见电气故障及处理方法(表 2－2－12－2)

表 2－2－12－2　电动机常见电气故障及处理方法

故障现象	故障原因	处理方法
电动机不能启动	电源未接通	检查开关、熔体、各接触点及电动机引出线接头
	绕组断路	将断路部位加热到绝缘等级允许的温度，使漆软化，然后将断线挑起，用同规格线将断掉部分补焊后，包好绝缘，再经涂漆、烘干处理
	绕组接地或相间匝间短路	处理办法同上，只是将接地或短路部位垫绝缘，然后涂漆烘干
	绕组接线错误	核对接线图，将端部加热后重新按正确接法接好(包括绑扎、绝缘处理及涂漆)
	熔体烧断	查出原因，排除故障，按电动机规格配新熔体
	控制设备接线错误	校正接线
电动机接入电源后，熔体被灼断	单相启动	检查电源线、电动机引出线、熔断器、开关各接触点，找出断线或假接故障后进行修复
	电动机负载过大或被卡住	将负载调至额定值，并排除被拖机械故障
	熔体截面积过小	熔体对电动机过载不起保护作用，一般应按下式选择熔体：熔体额定电流 = 启动电流/(2～3)
	电源到电动机之间的连接线短路	检查短路点后进行修复

续表

故障现象	故障原因	处理方法
电动机通电后不启动，嗡嗡响	电动机负载过大或被卡住	检查设备，排除故障
	电源未能全部接通	更换熔断器的熔体；紧固接线柱松动的螺钉；用万用表检查电源线的断线或假接故障，然后修复
	电压过低	如果△连接电动机误接成Y连接，应改回△连接，电源电压太低时，应与供电部门联系解决，电源线路压降太大造成电压过低时，应改用粗电缆线
	对于小型电动机，润滑脂硬或装配太紧	选择合适的润滑脂，提高装配质量
电动机外壳带电	电源线与接地线搞错	纠正错误
	电动机绕组受潮，绝缘严重老化	电动机烘干处理，老化的绝缘要更新
	引出线与接线盒接地	绑扎或更新引出线绝缘，修理接线盒
电动机启动困难，加额定负载后，电动机转速比额定转速低	电源电压过低	用电压表或万用表检查电动机输入端电源电压大小，然后进行处理
	△连接绕组误接成Y连接	将Y连接改回△连接
	笼型转子开焊或断裂	检查开焊或断裂后，进行修理
	重绕时匝数过多	按正确绕组匝数重绕

拓展知识阅读推荐：

赖周平，张荣克．空气冷却器．中国石化出版社，2010.

思考题

1. 脱甲烷塔塔顶气相乙烷含量过高的原因有哪些？

答案：脱甲烷塔塔顶乙烷含量过高，装置乙烷回收率降低，说明脱甲烷塔的分离效率降低，原因可能是：(1)脱甲烷塔塔顶的温度过高，膨胀机制冷量或者混合冷剂压缩机组提供的制冷量不足。(2)脱甲烷塔塔顶回流量不足，贫气作为脱甲烷塔塔顶的回流，流量过低会导致脱甲烷塔塔底温度过高。(3)脱甲烷塔气液出现气液负荷不平衡，塔板操作出现液泛、雾沫夹带、漏液等异常工况。

2. 冷箱内的冷物流有哪些？

答案：(1)低压冷剂。(2)自脱甲烷塔塔顶来复热贫气，(3)自脱甲烷塔来侧线凝液。

3. 膨胀机故障停车后液体回收单元的应急处置操作有哪些？

答案：膨胀机故障停车后，膨胀机膨胀端及压缩端的进出口紧急切断阀门会联锁关闭，导致进脱甲烷塔的天然气流量降低，可能出现脱甲烷塔过冷，贫气压缩机进入喘振区。要进行处置操作：(1)打开原料气进脱甲烷塔的J－T阀门，保证原料气处理量。(2)根据脱甲烷塔塔顶温度和冷箱温度控制冷剂压缩机负荷，调整制冷量。(3)观察贫气压缩机喘振曲线，必要时可以打开防喘阀门。

4. 什么是离心泵的汽蚀？

答案：指当离心泵入口压力低于或等于该温度下泵液的饱和蒸汽压时，泵液就汽化，形成大量小气泡，这些气泡在叶轮金属表面凝结、溃灭，则液体质点就像无数小弹头一样，连续打击金属表面使之疲劳剥蚀，同时产生振动和响声。这种液体汽化、凝结、冲击剥蚀金属的综合现象称为汽蚀。

5. 简述空冷器工艺物流出口温度高的故障原因。

答案：空冷器尺寸不够大；管侧结垢严重；管侧流体分布不均匀；风量低；空气分布不均匀；由于附近的装置影响，导致热空气循环回流；空气侧结垢严重；受附近装置排出的热风影响。

6. 膨胀机润滑油损失严重的可能原因主要有哪些？

答案：停机过程中，润滑油损失严重，主要是由于停机过程处理步骤不正确，即油压和油箱压力没有降到零时就全关闭密封气，油箱泄压太快，油被气携带走。运行过程中，润滑油损失严重有两个原因：一是密封损坏；二是密封气量和密封气压差调节不正确，造成润滑油损失。造成渗漏。

单元三　乙烷脱碳脱水单元操作

模块一　乙烷脱碳脱水单元工艺操作

项目一　乙烷脱碳装置吸收塔和再生塔投运

1　项目简介

液烃回收装置甲烷、乙烷组分在脱甲烷塔进行低温精馏分离，部分 CO_2 进入 NGL 液烃中。而 NGL 液烃在脱乙烷塔精馏分离中，塔顶气相乙烷中 CO_2 含量(mol%)可达10% ~ 12.94%。装置气相和液相乙烷产品均需满足设计指标 CO_2 含量(mol%)低于0.01%的要求，需对气相含碳乙烷深度脱除二氧化碳。为保证 CO_2 的脱除效率，通常采用活化 MDEA 溶液作为溶剂，在常规的单循环工艺基础上还可增加半贫胺液循环吸收流程，以降低系统功耗，其工艺流程如图 3 -1 -1 -1 所示。

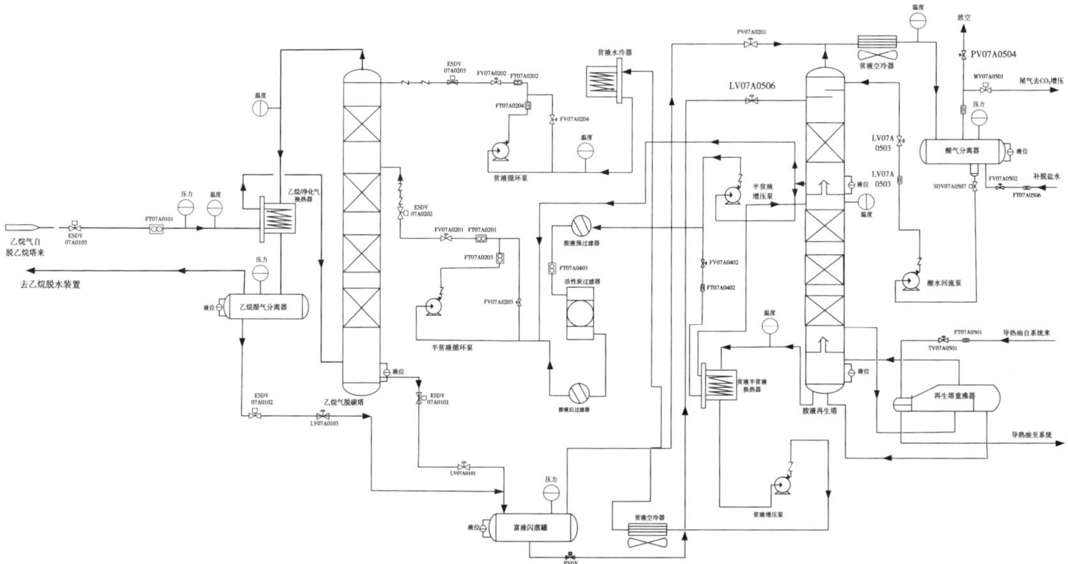

图 3 -1 -1 -1　乙烷脱碳装置示意图

(1)天然气流程。

自液烃回收装置脱乙烷塔来的含碳乙烷气进入乙烷/净化气换热器与湿净化气换热，接着进入乙烷脱碳塔下部。在塔内乙烷气自下而上与活化 MDEA 溶液逆流接触，气体中的二氧化碳被胺液吸收脱除，出塔湿净化气经乙烷/净化气换热器降温，经乙烷湿气分离器分液后，湿净化气送往乙烷脱水装置进行脱水，液相送往闪蒸罐入口。

(2)富液闪蒸流程。

乙烷脱碳塔底部富胺液进入富液闪蒸罐，再闪蒸出部分溶解在溶液中的二氧化碳气体，闪蒸气与再生塔塔顶酸气混合进入酸气空冷器。

(3)富胺液再生及循环流程。

自富液闪蒸罐底部出来的富胺液进胺液再生塔上段进一步解析，在胺液再生塔内与来自汽提段的蒸汽逆向接触，大部分二氧化碳被解析，胺液再生塔上段半贫液全部抽取后，半贫液经半贫液循环泵增压后进入乙烷脱碳塔中部，半贫液经半贫液增压泵提升后进贫液/半贫液换热器中换热后进胺液再生塔汽提段上部进行完全再生。完全再生后的贫胺液由胺液再生塔底流出，在贫液/半贫液换热器中与胺液再生塔中部来半贫液换热，降温后经贫液增压泵提升进入贫液空冷器和贫液水冷器换热冷却，进贫液循环泵，增压进乙烷脱碳塔上段。

(4)酸气冷却流程。

自胺液再生塔顶部来的酸气与自富液闪蒸罐来的闪蒸气汇合后，经酸气空冷器冷却后进入酸气分离器，其气相至尾气处理装置，液相冷凝水由酸水回流泵提升至胺液再生塔顶部作回流。

(5)装置补充水流程。

外排酸气中含有饱和水，需要不间断向胺液循环系统中补入除盐水，通常除盐水自酸气分离器或者再生塔补入。

(6)溶液过滤。

从胺液再生塔中部抽出的半贫液经半贫液增压泵增压后，半贫液进入胺液预过滤器、活性炭过滤器和胺液后过滤器，除去溶液系统中的机械杂质和降解产物，以保持溶液系统的清洁，并进入半贫液循环泵入口。

2　操作前准备

(1)穿戴齐劳保用品，主要包括防静电工服、防静电绝缘鞋、安全帽、手套。

(2)准备相关操作工具：防爆 F 扳手、防爆对讲机。

3　操作步骤

(1)确认乙烷脱碳单元已完成氮气置换、天然气置换和严密性实验。

(2)导通脱乙烷塔回流罐至乙烷脱碳塔流程，对乙烷脱碳塔进行充压至脱乙烷塔压力，升压速度控制在 $<0.1\text{MPa/min}$。

(3)导通胺液再生塔→贫液/半贫液换热器→贫液增压泵→贫液空冷器→贫液循环泵→贫液水冷器→乙烷脱碳塔→脱碳塔底部液相流程。

(4)按操作规程依次启运贫液增压泵、贫液循环泵，建立贫液循环。内操投用贫液循环泵最小回流线，确保胺液再生塔塔底液位稳定，机泵连续运行。通过调整吸收塔塔底液位调节阀，确保吸收塔液位稳定，通过调整富液闪蒸罐底液位调节阀，确保富液闪蒸罐液位稳定。

(5)当胺液再生塔中段液位达到 70% 后，导通胺液再生塔→半贫液增压泵→贫液/半贫液换热器→胺液再生塔及半贫液增压泵→胺液预过滤器旁通→活性炭过滤器旁通→胺液后过滤器旁通→半贫液循环泵流程。

(6)按操作规程依次启运半贫液增压泵、半贫液循环泵，建立半贫液循环。内操投用半贫液增压泵、半贫液循环泵最小回流线，确保胺液再生塔中部液位稳定，机泵连续运行，建立胺液冷循环。

(7)控制乙烷脱碳塔、富液闪蒸罐及胺液再生塔中段、底部液位计分别为70%、50%、60%及90%，其余设备管道内部充满胺液。设备液位低时，按操作规程启运胺液提升泵，向胺液再生塔补液。

(8)缓慢调节再生塔底重沸器导热油调节阀开度，控制重沸器温度110℃，建立胺液热循环。控制再生塔底部升温速度<35℃/h。

(9)待液烃回收装置含碳乙烷气合格后，导通含碳乙烷气进脱碳单元流程。

(10)内操确认乙烷脱碳塔处于操作压力、富液闪蒸罐处于操作压力、胺液再生塔处于操作压力。

注意：操作过程中，及时打开管道高点进行排气，确保设备、管道内部充满液体。

4　操作要点

(1)吸收塔和再生塔投运时，应控制升压速率，确保设备液位稳定，防止高压窜低压。

(2)贫液增压泵、贫液循环泵、半贫液增压泵和半贫液循环泵严格按照操作规程操作。

(3)吸收塔投运时，应控制上游脱乙烷塔塔顶气相乙烷负荷，缓慢增加吸收塔负荷，确保工艺参数稳定调节。

(4)吸收塔逐渐建立负荷过程中，应及时将脱碳后乙烷气切换至不合格气流程，并化验含碳乙烷气，确保脱碳后乙烷气达标。

(5)注意观察现场液位计显示同远传至中控室的液位显示一致。

(6)密切监控湿气分离器液位和乙烷吸收塔压差，待液位和压差逐渐升高时，及时加入消泡剂，防止乙烷吸收塔发泡严重，产生拦液。

5　安全注意事项

(1)开关阀门时应缓慢用力，禁止用工具敲击阀门。

(2)应严格按照乙烷吸收塔和再生塔操作步骤操作。

6　应急事故预防与处置

乙烷脱碳装置投运应急事故预防与处置见表3-1-1-1。

表3-1-1-1　应急事故预防与处置一览表

步骤	处置	负责人
现场发现泄漏	迅速关闭入口阀	操作工
报告	1. 向当班班长及值班调度汇报	操作工
	2. 调度立即通知维保人员	调度
应急处置措施	1. 在维保人员未到达现场前，班长立即组织人员对泄漏点实施监控	班长
	2. 维保人员到达现场组织抢修	维保人员
应急终止	维修完毕并试漏合格后，向调度汇报应急终止	班长

拓展知识阅读推荐：

傅敬强．天然气净化工艺技术手册．石油工业出版社，2013，3.

项目二　乙烷脱碳装置吸收塔和再生塔停运

1　项目简介

乙烷脱碳装置吸收塔和再生塔出现故障或检维修前，需进行停运，主要包括吸收塔和再生塔的停机操作、要点以及应急处理。

2　操作前准备

(1)穿戴齐劳保用品，主要包括防静电工服、防静电绝缘鞋、安全帽、手套。

(2)准备相关操作工具：防爆 F 扳手、防爆对讲机。

3　操作步骤

(1)按照操作规程依次停运贫液、半贫液增压泵和循环泵，若为冬季工况运行，为防止含水管线冻堵，应及时检查伴热措施并对管线低点排液；

(2)按照操作规程，右旋切断再生塔底导热油进出口阀门，导通旁通流程，及时停运酸气空冷器和酸水回流泵，若为冬季工况运行，为防止含水管线冻堵，应及时检查伴热措施并对管线低点排液。

4　操作要点

(1)正常停车时，在切断脱乙烷塔塔顶含碳乙烷气至乙烷脱碳装置进料的同时，及时导通含碳乙烷不合格气至贫气压缩机流程；

(2)乙烷脱碳塔停运过程中，需与主工艺主操密切配合，立即关闭液烃回收装置回流贫气，防止因 CO_2 超过设计指标造成回流贫气流道 CO_2 冻堵；

(3)按要求填写贫液、半贫液增压泵和循环泵停运操作票。

5　安全注意事项

(1)正常停车时，切断脱乙烷塔塔顶含碳乙烷气至乙烷脱碳装置进料时，及时导通含碳乙烷不合格气至贫气压缩机流程，防止管线长时间超压。

(2)操作过程着劳保装，严格执行作业票制度。

(3)操作完成后，回收相应工具。

6　应急事故预防与处置

乙烷脱碳装置停运应急事故预防与处置措施见表 3－1－2－1。

表 3－1－2－1　应急事故预防与处置措施一览表

现象	原因	处置措施
现场发生泄漏	作业过程中，操作不当易造成管线阀门泄漏	切断流程，对泄漏管段泄压，启动应急预案

拓展知识阅读推荐：

傅敬强．天然气净化工艺技术手册．石油工业出版社，2013，3.

项目三　乙烷脱水装置投运

1　项目简介

乙烷脱碳装置采用了活化 MDEA 溶液吸收工艺，湿净化气中含有饱和水，为满足乙烷液化和商品乙烷含水量的要求，需深度脱水，确保脱水后商品乙烷含水量达标。乙烷脱水装置通常采用分子筛脱水工艺，以下以 3 塔流程为例进行讲解，其中 1 塔吸附、1 塔加热、1 塔冷吹，切换周期 8h(每塔吸附、加热和冷却时间都为 8h)，按顺序进行单塔切换。工艺流程如图 3－1－3－1 所示。

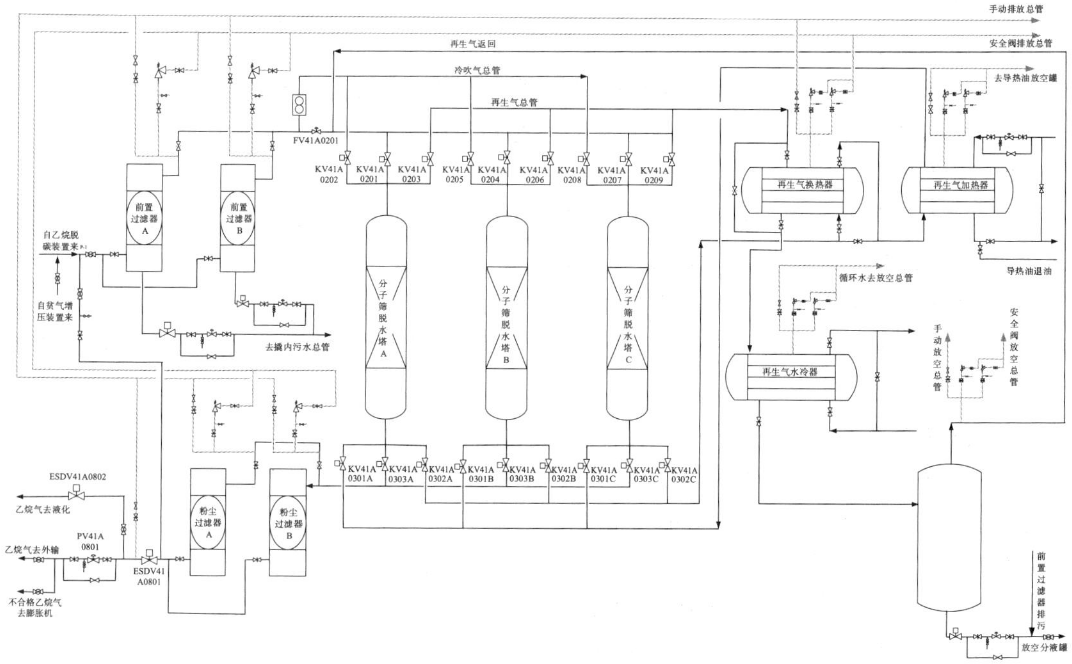

图 3－1－3－1　乙烷脱水装置流程图

(1)吸附流程。

自乙烷脱碳装置来脱碳后的湿乙烷气，经前置过滤器分离出凝液后，湿乙烷气分两路，主路经过调压后自顶部进入分子筛脱水塔自上而下进行吸附脱水，脱水后的乙烷气进入机械过滤器过滤出固体粉尘后再分为三路，一路至液烃回收装置进行液化，第二路外输至配气区，第三路为非正常工况下乙烷气返回液烃回收装置膨胀机增压端入口。

(2)冷吹流程。

自前置过滤器出来的湿乙烷气，旁路作为冷吹气和加热再生气，其流量由主路调节阀控制，冷吹气自上而下进入分子筛脱水塔进行冷吹，床层温度达到设计温度时视为冷吹完成，冷吹气出冷吹塔后作为加热再生气进入后续流程。

(3)加热流程。

自冷吹塔来的再生气进再生气换热器经高温再生气换热升温，然后进入再生气加热器经导热油加热升温至设计温度，加热后的再生气进入分子筛脱水塔的底部，自下而上流动，将分子筛吸附的水解析出来，携带水分的再生气出塔后经再生气换热器冷却后，进入再生气水冷器冷却，再进入再生气分离器分离出游离水，再生气返回至分子筛脱水塔入口主路调节阀后与湿乙烷气一起进入分子筛脱水塔。

2　操作前准备

(1)穿戴齐劳保用品，主要包括防静电工服、防静电绝缘鞋、安全帽、手套。

(2)准备相关操作工具：防爆 F 扳手、防爆对讲机。

3　操作步骤

(1)确认乙烷脱碳单元已完成氮气置换、天然气置换和严密性实验。

(2)导通脱碳单元至乙烷脱水单元流程，将脱碳乙烷引入乙烷脱水单元。

(3)确认乙烷气外输界区阀关闭，导通不合格乙烷气流程。

(4)按照乙烷分子筛脱水塔顺控程序，中控人员启动脱水塔控制程序，并投自动模式。

(5)缓慢调节再生气加热器导热油调节阀开度，控制升温速度<35℃/h。

(6)观察乙烷脱水单元在线水露点，当A、B、C塔作为吸附塔，出口水露点均≤-70℃，视为1个周期的再生全部完成。

4 操作要点

(1)分子筛脱水塔投运时，应控制升压速率，提高分子筛使用寿命。

(2)分子筛干燥塔活化，应严格控制升温速率，确保3具分子筛脱水塔按照程序完全活化完毕，并且确保水露点<0.1ppm。

(3)干燥塔逐渐建立负荷过程中，应及时将脱水后乙烷气切换至不合格气流程，并化验乙烷气指标，确保外输乙烷气达标。

(4)注意观察现场再生气分离器液位同远传至中控室的液位显示一致。

5 安全注意事项

(1)开关阀门时应缓慢用力，禁止用工具敲击阀门。

(2)应严格按照分子筛程控活化步骤操作。

6 应急事故预防与处置

乙烷脱水装置投运应急事故预防与处置见表3-1-3-1。

表3-1-3-1 应急事故预防与处置一览表

步骤	处置	负责人
现场发现泄漏	迅速关闭入口阀	操作工
报告	1. 向当班班长及值班调度汇报	操作工
	2. 调度立即通知维保人员	调度
应急处置措施	1. 在维保人员未到达现场前，班长立即组织人员对泄漏点实施监控	班长
	2. 维保人员到达现场组织抢修	维保人员
应急终止	维修完毕并试漏合格后，向调度汇报应急终止	班长

拓展知识阅读推荐：

常宏岗，孟宪杰．天然气处理与加工手册．石油工业出版社，2016，11.

项目四 乙烷脱水装置停运

1 项目简介

乙烷脱水装置停运或检维修前，需进行停运。本项的任务为掌握乙烷脱水装置的停机操作、要点以及应急处理。

2 操作前准备

(1)穿戴齐劳保用品，主要包括防静电工服、防静电绝缘鞋、安全帽、手套。

(2)准备相关操作工具：防爆F扳手、防爆对讲机。

3 操作步骤

(1)正常停运时，应确保处于再生状态的分子筛干燥塔再生完毕，待干燥塔的再生时间和再生温度达到相关要求后，干燥塔程控程序可切换为停止状态。

(2)待分子筛再生完毕，左旋手阀导通导热油旁通流程，右旋手阀切断再生气加热器导热油流程。

(3)装置处于冬季工况运行时，应密切观察前置过滤器、后置过滤器和再生气分离器液位，及时进行排液。

4 操作要点

(1)持续监控乙烷脱水前置过滤器和再生气分离器液位，并同时密切关注乙烷脱碳吸收塔压差和湿气分离器液位，防止乙烷脱碳吸收塔胺液进入分子筛干燥塔，污染分子筛干燥塔，导致乙烷脱水水露点不合格，影响气相乙烷外输产品质量。

(2)按要求填写乙烷脱水装置停运操作票。

5 安全注意事项

(1)操作过程着劳保装，严格执行作业票制度。

(2)操作完成后，回收相应工具。

6 应急事故预防与处置

乙烷脱水装置停运应急事故预防与处置见表3-1-4-1。

表3-1-4-1 应急事故预防与处置一览表

现象	原因	应急措施
现场发生泄漏	作业过程中，操作不当易造成管线阀门泄漏	切断流程，对泄漏管段泄压，启动应急预案

拓展知识阅读推荐：

常宏岗，孟宪杰．天然气处理与加工手册．石油工业出版社，2016.

模块二　乙烷脱碳脱水单元设备操作

项目一　贫液增压泵启机

1　项目简介

贫胺液由胺液再生塔底流出，在贫液/半贫液换热器中与胺液再生塔中部来半贫液换热，降温后经贫液增压泵提升进入贫液空冷器和贫液水冷器冷却，进贫液循环泵增压，进乙烷脱碳塔上段。

启机的目的是提升贫胺液压力，顺利进入贫液循环泵。

2　操作前准备

(1)穿防静电工衣、工裤、工鞋，戴好安全帽、手套。

(2)携带小号、中号防爆F扳手各一把。

3　操作步骤

3.1　操作前的检查

(1)通知电工给该泵送电并确认电气条件符合要求。

(2)检查进口连接法兰、地脚螺栓，无松动。

(3)检查联轴器防护罩完好无损。

(4)检查仪表、压力表、阀门等安全附件连接牢固，在有效期内。

(5)确认电机及泵轴承已进行良好润滑。

(6)打开泵进口阀门、泵体上的排气阀，直至溶液充满泵体。

(7)灌泵排气后打开入口阀，关闭出口阀。

(8)盘车3~5圈，检查无卡阻。

3.2　启运操作

(1)和中控操作员联系，启泵。

(2)首次启运需点动机泵，点动时注意泵内有无杂音，运转是否平稳。通过泵的出口压力表来判断电机的转向，在灌泵充分的条件下，如果泵的扬程为数据单上扬程的40%~50%，则表明转向错误，此时应停车。

(3)按下启动按钮，待出口压力稳定后缓慢开出口阀。检查流量、扬程、电机电流等参数符合要求，运转稳定。

3.3　运行中的检查及操作

(1)检查电机、泵的轴承温度。

(2)检查机械密封泄漏量不超规定值，各连接点无泄漏。

(3)检查泵出口压力正常。

(4)检查机泵处于良好润滑状态。

(5)检查泵及电机的声音正常。

(6)认真填写动设备运转记录。

4　操作要点

(1)每次启动前必须灌泵充分，严禁泵内无液启动。

（2）点动时间不宜过长。

5 安全注意事项

（1）泵不允许在出口阀关闭或在很小开度下长时间运转，否则容易损坏设备，同时降低设备的使用寿命。

（2）冬季必须将停运泵体内的溶液排放干净，同时增加伴热进行保温，以防冻坏泵体。

（3）启泵后应启动对应的贫液循环泵，防止长时间憋压。

6 突发事件应急处理

应急事故预防与处置措施见表3－2－1－1。

表3－2－1－1 应急事故预防与处置措施

故障	产生原因	处置措施
泵流量太小	出口压力大于泵的设计压力	将出口阀逐步打开
	泵或管线未完全排空	充分排空
	管线或泵堵塞	清理管线或泵叶轮
	管线中有气泡产生	安装排空阀或改变管线布置
	产生汽蚀	检查油罐中的油位，将油管线上的所有阀门全部打开。检查管线上的过滤器是否堵塞
	泵反转	改变电机接线
	转速太低	提高转速（对内燃机等），与厂方协商
	泵内部零部件磨损	更换零部件
	输送介质的密度、黏度、温度与泵设计不符	与厂方协商
	供电电压不符	调整电压
	电机两相运转	检查线路
	泵不适于并联运行	与厂方联系
	叶轮有损伤	更换叶轮（与厂方联系）
压差太低	泵或管线未完全排空	充分排空
	管线或泵堵塞	清理管线或泵叶轮
	管线中有气泡产生	安装排空阀或改变管线布置
	产生汽蚀	检查油罐中的油位，将油管线上的所有阀门全部打开。检查管线上的过滤器是否堵塞
	泵反转	改变电机接线
	转速太低	提高转速（对内燃机等），与厂方协商
	泵内部零部件磨损	更换零部件
	输送介质的密度、黏度、温度与泵设计不符	与厂方协商
	供电电压不符	调整电压
	电机两相运转	检查线路
	泵不适于并联运行	与厂方联系
	叶轮有损伤	更换叶轮（与厂方联系）
压力太高	输送介质的密度、黏度、温度与泵设计不符	与厂方协商
	转速太高	降低转速（对内燃机等），与厂方协商

续表

故障	产生原因	处置措施
泵功率太大	管线或泵堵塞	清理管线或泵叶轮
	泵反转	改变电机接线
	泵内部零部件磨损	更换零部件
	输送介质的密度、黏度、温度与泵设计不符	与厂方协商
	泵的出口压力太小	调节泵出口阀
	转速太高	降低转速(对内燃机等)，与厂方协商
	机组未完全找正	重新找正
	泵进出口承受应力	检查管线与泵连接处
	供电电压不符	调整电压
	电机两相运转	检查线路
	轴承(轴瓦)损坏	换轴承或轴瓦
	轴弯曲	与厂方联系
	冷却不足	检查冷却水或风扇
泵体温度过高	泵或管线未完全排空	充分排空
	产生汽蚀	检查油罐中的油位，将油管线上的所有阀门全部打开。检查管线上的过滤器是否堵塞
	泵内部零部件磨损	更换零部件
	机组未完全找正	重新找正
	转子动平衡不好	重新平衡
	最小流量未达到	调整出口阀
泵运行不稳	泵或管线未完全排空	充分排空
	管线或泵堵塞	清理管线或泵叶轮
	管线中有气泡产生	安装排空阀或改变管线布置
	产生汽蚀	检查油罐中的油位，将油管线上的所有阀门全部打开。检查管线上的过滤器是否堵塞
	泵反转	改变电机接线
	泵内部零部件磨损	更换零部件
	泵的出口压力太小	调节泵出口阀
	机组未完全找正	重新找正
	泵进出口承受应力	检查管线与泵连接处
	轴向推力过大	更换密封环
	转子动平衡不好	重新平衡
	轴承(轴瓦)损坏	换轴承或轴瓦
	最小流量未达到	调整出口阀
	叶轮有损伤	更换叶轮(与厂方联系)
	电机出现故障	检查电机

续表

故障	产生原因	处置措施
轴承过热	泵内部零部件磨损	更换零部件
	输送介质的密度、黏度、温度与泵设计不符	与厂方协商
	转速太高	降低转速(对内燃机等)，与厂方协商
	机组未完全找正	重新找正
	泵进出口承受应力	检查管线与泵连接处
	轴向推力过大	更换密封环
	联轴器间隙不对	重新调整
	转子动平衡不好	重新平衡
	轴承(轴瓦)损坏	换轴承或轴瓦
	最小流量未达到	调整出口阀
	轴弯曲	与厂方联系
	润滑系统有沙	清洗润滑系统，检查油位，换油
密封泄漏	密封损坏	更换机械密封
	机组未完全找正	重新找正
	轴弯曲	与厂方联系
泵体泄漏	螺栓未完全拧紧	检查、重新拧紧

拓展知识阅读推荐：

王世厚．泵和压缩机．中国石化出版社，1992.

项目二　贫液增压泵停机

1　项目简介

贫液增压泵出现故障或检维修前，需进行停运。

2　操作前准备

(1)穿防静电工衣、工裤、工鞋，戴好安全帽、手套。

(2)携带小号、中号防爆 F 扳手各一把。

3　操作步骤

3.1　停机前的检查

(1)检查地脚螺栓齐全，无松动现象。

(2)压力表根部阀全开，压力表正常。

(3)检查脱甲烷塔塔底泵各项参数正常。

(4)接调度指令后再停机，同时通知电气和外操人员做好准备。

3.2　正常停车

(1)关闭出口阀。

(2)按下停泵按钮。

(3)关闭进口阀。

3.3　紧急停车

3.3.1　紧急停车条件

(1)工作液的温度或冷却系统的异常引起的过热。

(2)线圈的电流过载，电动机也会因过载而引起电流继电器跳闸。

(3)泵开启后，有严重汽蚀，并有强烈振动。

3.3.2　紧急停车步骤

(1)中控停泵或者现场按下停泵按钮。

(2)关闭出口阀。

3.4　停机后的检查及操作

(1)通知电气人员及时断电。

(2)通知设备人员及时分析泵出现故障的原因。

(3)排除泵体内的工艺介质，并吹扫干净。

(4)对泵进行检修。

4　操作要点

(1)接调度室通知后再停泵。

(2)停泵时必须有外操人员在现场确认，防止中控给停机信号而现场未停现象发生。

(3)事情危急到会造成人身伤害及设备损坏时可先自行果断紧急停车处理，之后再逐级上报领导。

5　安全注意事项

(1)停泵后注意再生塔液位。

(2)停泵后注意吸收塔液位。

(3)冬季必须将停运泵体内的溶液排放干净，同时增加伴热进行保温，以防冻坏泵体。

(4)需要检修的泵，还要排除泵体内的工艺介质，并吹扫干净，以备检修。

(5)泵长时间停机，要排出泵内的输送介质及冷却系统等辅助配管内的液体。

6　突发事件应急处理

应急事故预防与处置见表3-2-2-1。

表3-2-2-1　应急事故预防与处置

故障	产生原因	排除方法
泵流量太小	出口压力大于泵的设计压力	将出口阀逐步打开
	泵或管线未完全排空	充分排空
	管线或泵堵塞	清理管线或泵叶轮
	管线中有气泡产生	安装排空阀或改变管线布置
	产生汽蚀	检查油罐中的油位，将油管线上的所有阀门全部打开。检查管线上的过滤器是否堵塞
	泵反转	改变电机接线
	转速太低	提高转速(对内燃机等)，与厂方协商
	泵内部零部件磨损	更换零部件

续表

故障	产生原因	排除方法
泵流量太小	输送介质的密度、黏度、温度与泵设计不符	与厂方协商
	供电电压不符	调整电压
	电机两相运转	检查线路
	泵不适于并联运行	与厂方联系
	叶轮有损伤	更换叶轮(与厂方联系)
压差太低	泵或管线未完全排空	充分排空
	管线或泵堵塞	清理管线或泵叶轮
	管线中有气泡产生	安装排空阀或改变管线布置
	产生汽蚀	检查油罐中的油位，将油管线上的所有阀门全部打开。检查管线上的过滤器是否堵塞
	泵反转	改变电机接线
	转速太低	提高转速(对内燃机等)，与厂方协商
	泵内部零部件磨损	更换零部件
	输送介质的密度、黏度、温度与泵设计不符	与厂方协商
	供电电压不符	调整电压
	电机两相运转	检查线路
	泵不适于并联运行	与厂方联系
	叶轮有损伤	更换叶轮(与厂方联系)
压力太高	输送介质的密度、黏度、温度与泵设计不符	与厂方协商
	转速太高	降低转速(对内燃机等)，与厂方协商
泵功率太大	管线或泵堵塞	清理管线或泵叶轮
	泵反转	改变电机接线
	泵内部零部件磨损	更换零部件
	输送介质的密度、黏度、温度与泵设计不符	与厂方协商
	泵的出口压力太小	调节泵出口阀
	转速太高	降低转速(对内燃机等)，与厂方协商
	机组未完全找正	重新找正
	泵进出口承受应力	检查管线与泵连接处
	供电电压不符	调整电压
	电机两相运转	检查线路
	轴承(轴瓦)损坏	换轴承或轴瓦
	轴弯曲	与厂方联系
	冷却不足	检查冷却水或风扇

续表

故障	产生原因	排除方法
泵体温度过高	泵或管线未被完全排空	充分排空
	产生汽蚀	检查油罐中的油位，将油管线上的所有阀门全部打开。检查管线上的过滤器是否堵塞
	泵内部零部件磨损	更换零部件
	机组未完全找正	重新找正
	转子动平衡不好	重新平衡
	最小流量未达到	调整出口阀
泵运行不稳	泵或管线未被完全排空	充分排空
	管线或泵堵塞	清理管线或泵叶轮
	管线中有气泡产生	安装排空阀或改变管线布置
	产生汽蚀	检查油罐中的油位，将油管线上的所有阀门全部打开。检查管线上的过滤器是否堵塞
	泵反转	改变电机接线
	泵内部零部件磨损	更换零部件
	泵的出口压力太小	调节泵出口阀
	机组未完全找正	重新找正
	泵进出口承受应力	检查管线与泵连接处
	轴向推力过大	更换密封环
	转子动平衡不好	重新平衡
	轴承(轴瓦)损坏	换轴承或轴瓦
	最小流量未达到	调整出口阀
	叶轮有损伤	更换叶轮(与厂方联系)
	电机出现故障	检查电机
轴承过热	泵内部零部件磨损	更换零部件
	输送介质的密度、黏度、温度与泵设计不符	与厂方协商
	转速太高	降低转速(对内燃机等)，与厂方协商
	机组未完全找正	重新找正
	泵进出口承受应力	检查管线与泵连接处
	轴向推力过大	更换密封环
	联轴器间隙不对	重新调整
	转子动平衡不好	重新平衡
	轴承(轴瓦)损坏	换轴承或轴瓦
	最小流量未达到	调整出口阀
	轴弯曲	与厂方联系
	润滑系统有沙	清洗润滑系统，检查油位，换油

续表

故障	产生原因	排除方法
密封泄漏	密封损坏	更换机械密封
	机组未完全找正	重新找正
	轴弯曲	与厂方联系
泵体泄漏	螺栓未完全拧紧	检查、重新拧紧

拓展知识阅读推荐：

王世厚．泵和压缩机．中国石化出版社，1992.

项目三　贫液循环泵启机

1　项目简介

贫胺液由胺液再生塔底流出，在贫液/半贫液换热器中与胺液再生塔中部来半贫液换热，降温后经贫液增压泵提升进入贫液空冷器和贫液水冷器冷却，进贫液循环泵增压，进乙烷脱碳塔上段。

启机的目的是提升贫胺液压力，顺利进入脱碳吸收塔。

2　操作前准备

(1)穿防静电工衣、工裤、工鞋，戴好安全帽、手套。

(2)携带小号、中号防爆 F 扳手各一把。

3　操作步骤

3.1　操作前的检查

(1)检查确认贫液增压泵已启运。

(2)通知电工给电机送电并确认电气条件符合要求。

(3)检查联轴器防护罩完好无损。

(4)检查进口连接法兰，地脚螺栓无松动。

(5)检查仪表、压力表、阀门等安全附件连接牢固，在有效期内。

(6)检查机油视窗液位在 1/2 ~2/3 之间，无乳化变质现象。

(7)打开泵进口阀门，打开泵体上排气阀和机械密封冲洗排气阀，灌泵排气，直至溶液充满泵体。

(8)灌泵排气后确认最小回流线流程 FV－07A0204 手动全开。

(9)盘车 3 ~5 圈，检查动静件有无卡阻。

3.2　启机操作

(1)通知中控操作员全开贫液进塔 ESDV 阀，调节阀微开。

(2)和中控操作员联系，启泵。

(3)首次启机需点动机泵，点动时注意泵内无杂音，运转平稳。通过泵的出口压力表来判断电机的转向，在灌泵充分的条件下，如果泵的扬程为数据单上扬程的 40% ~50%，则表明转向错误，此时应停车。

(4)按下启动按钮，待出口压力稳定后缓慢开出口阀。检查流量、扬程、电机电流等参数符合要求，运转稳定。

(5)泵启动后，由出口调节阀控制循环量控制贫液流量。

3.3　运行中的检查及操作

(1)检查电机、泵的轴承温度。

(2)检查机械密封泄漏量应不超过规定要求，各连接点无泄漏。

(3)检查平衡管畅通。

(4)检查泵出口压力正常。

(5)检查机油视窗液位在1/2～2/3之间，无乳化变质现象。

(6)检查泵及电机的声音正常。

(7)认真填写动设备运转记录和维修保养记录。

4　操作要点

(1)每次启动前必须灌泵充分，严禁泵内无液启动。

(2)点动时间不宜过长。

5　安全注意事项

(1)泵不允许在出口阀关闭或在很小开度下长时间运转，否则容易损坏设备，同时降低设备的使用寿命。

(2)冬季必须将停运泵体内的溶液排放干净，同时增加伴热进行保温，以防冻坏泵体。

6　突发事件应急处理

应急事故预防与处置见表3－2－3－1。

表3－2－3－1　应急事故预防与处置

故障	产生原因	排除方法
泵流量太小	出口压力大于泵的设计压力	将出口阀逐步打开
	泵或管线未完全排空	充分排空
	管线或泵堵塞	清理管线或泵叶轮
	管线中有气泡产生	安装排空阀或改变管线布置
	产生汽蚀	检查油罐中的油位，将油管线上的所有阀门全部打开。检查管线上的过滤器是否堵塞
	泵反转	改变电机接线
	转速太低	提高转速(对内燃机等)，与厂方协商
	泵内部零部件磨损	更换零部件
	输送介质的密度、黏度、温度与泵设计不符	与厂方协商
	供电电压不符	调整电压
	电机两相运转	检查线路
	泵不适于并联运行	与厂方联系
	叶轮有损伤	更换叶轮(与厂方联系)

续表

故障	产生原因	排除方法
压差太低	泵或管线未完全排空	充分排空
	管线或泵堵塞	清理管线或泵叶轮
	管线中有气泡产生	安装排空阀或改变管线布置
	产生汽蚀	检查油罐中的油位，将油管线上的所有阀门全部打开。检查管线上的过滤器是否堵塞
	泵反转	改变电机接线
	转速太低	提高转速(对内燃机等)，与厂方协商
	泵内部零部件磨损	更换零部件
	输送介质的密度、黏度、温度与泵设计不符	与厂方协商
	供电电压不符	调整电压
	电机两相运转	检查线路
	泵不适于并联运行	与厂方联系
	叶轮有损伤	更换叶轮(与厂方联系)
压力太高	输送介质的密度、黏度、温度与泵设计不符	与厂方协商
	转速太高	降低转速(对内燃机等)，与厂方协商
泵功率太大	管线或泵堵塞	清理管线或泵叶轮
	泵反转	改变电机接线
	泵内部零部件磨损	更换零部件
	输送介质的密度、黏度、温度与泵设计不符	与厂方协商
	泵的出口压力太小	调节泵出口阀
	转速太高	降低转速(对内燃机等)，与厂方协商
	机组未完全找正	重新找正
	泵进出口承受应力	检查管线与泵连接处
	供电电压不符	调整电压
	电机两相运转	检查线路
	轴承(轴瓦)损坏	换轴承或轴瓦
	轴弯曲	与厂方联系
	冷却不足	检查冷却水或风扇
泵体温度过高	泵或管线未完全排空	充分排空
	产生汽蚀	检查油罐中的油位，将油管线上的所有阀门全部打开。检查管线上的过滤器是否堵塞
	泵内部零部件磨损	更换零部件
	机组未完全找正	重新找正
	转子动平衡不好	重新平衡
	最小流量未达到	调整出口阀

续表

故障	产生原因	排除方法
泵运行不稳	泵或管线未完全排空	充分排空
	管线或泵堵塞	清理管线或泵叶轮
	管线中有气泡产生	安装排空阀或改变管线布置
	产生汽蚀	检查油罐中的油位，将油管线上的所有阀门全部打开。检查管线上的过滤器是否堵塞
	泵反转	改变电机接线
	泵内部零部件磨损	更换零部件
	泵的出口压力太小	调节泵出口阀
	机组未完全找正	重新找正
	泵进出口承受应力	检查管线与泵连接处
	轴向推力过大	更换密封环
	转子动平衡不好	重新平衡
	轴承(轴瓦)损坏	换轴承或轴瓦
	最小流量未达到	调整出口阀
	叶轮有损伤	更换叶轮(与厂方联系)
	电机出现故障	检查电机
轴承过热	泵内部零部件磨损	更换零部件
	输送介质的密度、黏度、温度与泵设计不符	与厂方协商
	转速太高	降低转速(对内燃机等)，与厂方协商
	机组未完全找正	重新找正
	泵进出口承受应力	检查管线与泵连接处
	轴向推力过大	更换密封环
	联轴器间隙不对	重新调整
	转子动平衡不好	重新平衡
	轴承(轴瓦)损坏	换轴承或轴瓦
	最小流量未达到	调整出口阀
	轴弯曲	与厂方联系
	润滑系统有沙	清洗润滑系统，检查油位，换油
密封泄漏	密封损坏	更换机械密封
	机组未完全找正	重新找正
	轴弯曲	与厂方联系
泵体泄漏	螺栓未完全拧紧	检查、重新拧紧

拓展知识阅读推荐：

王世厚．泵和压缩机．中国石化出版社，1992.

项目四　贫液循环泵停机

1　项目简介

贫液循环泵出现故障或检维修前，需进行停运。

2　操作前准备

(1)穿防静电工衣、工裤、工鞋，戴好安全帽、手套。

(2)携带小号、中号防爆 F 扳手各一把。

3　操作步骤

3.1　停机前的检查

(1)检查地脚螺栓齐全，无松动现象。

(2)压力表根部阀全开，压力表正常。

(3)检查脱甲烷塔塔底泵各项参数正常。

(4)接调度指令后再停机，同时通知电气和外操人员做好准备。

3.2　正常停车

(1)关闭出口阀。

(2)按下停泵按钮。

(3)关闭进口阀。

3.3　紧急停车

3.3.1　紧急停车条件

(1)工作液的温度或冷却系统的异常引起的过热。

(2)线圈的电流过载，电动机也会因过载而引起电流继电器跳闸。

(3)泵开启后，有严重汽蚀，并有强烈振动。

3.3.2　紧急停车步骤

(1)中控停泵或者现场按下停泵按钮。

(2)关闭出口阀。

3.4　停机后的检查及操作

(1)通知电气人员断电。

(2)通知设备人员分析泵出现故障的原因。

(3)排除泵体内的工艺介质，并吹扫干净。

(4)对泵进行检修。

4　操作要点

(1)接调度室通知后再停泵。

(2)停泵时必须有外操人员在现场确认，防止中控给停机信号而现场未停现象发生。

(3)事情危急到会造成人身伤害及设备损坏时可先自行果断紧急停车处理，之后再逐级上报领导。

5　安全注意事项

(1)停泵后注意再生塔液位。

(2)停泵后注意吸收塔液位。

(3)冬季必须将停运泵体内的溶液排放干净，同时增加伴热进行保温，以防冻坏泵体。

(4)需要检修的泵，还要排除泵体内的工艺介质，并吹扫干净，以备检修。

(5)泵长时间停机，要排出泵内的输送介质及冷却系统等辅助配管内的液体。

6　突发事件应急处理

应急事故预防与处置见表3－2－4－1。

表3－2－4－1　应急事故预防与处置

故障	产生原因	排除方法
泵流量太小	出口压力大于泵的设计压力	将出口阀逐步打开
	泵或管线未完全排空	充分排空
	管线或泵堵塞	清理管线或泵叶轮
	管线中有气泡产生	安装排空阀或改变管线布置
	产生汽蚀	检查油罐中的油位，将油管线上的所有阀门全部打开。检查管线上的过滤器是否堵塞
	泵反转	改变电机接线
	转速太低	提高转速(对内燃机等)，与厂方协商
	泵内部零部件磨损	更换零部件
	输送介质的密度、黏度、温度与泵设计不符	与厂方协商
	供电电压不符	调整电压
	电机两相运转	检查线路
	泵不适于并联运行	与厂方联系
	叶轮有损伤	更换叶轮(与厂方联系)
压差太低	泵或管线未完全排空	充分排空
	管线或泵堵塞	清理管线或泵叶轮
	管线中有气泡产生	安装排空阀或改变管线布置
	产生汽蚀	检查油罐中的油位，将油管线上的所有阀门全部打开。检查管线上的过滤器是否堵塞
	泵反转	改变电机接线
	转速太低	提高转速(对内燃机等)，与厂方协商
	泵内部零部件磨损	更换零部件
	输送介质的密度、黏度、温度与泵设计不符	与厂方协商
	供电电压不符	调整电压
	电机两相运转	检查线路
	泵不适于并联运行	与厂方联系
	叶轮有损伤	更换叶轮(与厂方联系)
压力太高	输送介质的密度、黏度、温度与泵设计不符	与厂方协商
	转速太高	降低转速(对内燃机等)，与厂方协商

续表

故障	产生原因	排除方法
泵功率太大	管线或泵堵塞	清理管线或泵叶轮
	泵反转	改变电机接线
	泵内部零部件磨损	更换零部件
	输送介质的密度、黏度、温度与泵设计不符	与厂方协商
	泵的出口压力太小	调节泵出口阀
	转速太高	降低转速(对内燃机等)，与厂方协商
	机组未完全找正	重新找正
	泵进出口承受应力	检查管线与泵连接处
	供电电压不符	调整电压
	电机两相运转	检查线路
	轴承(轴瓦)损坏	换轴承或轴瓦
	轴弯曲	与厂方联系
	冷却不足	检查冷却水或风扇
泵体温度过高	泵或管线未完全排空	充分排空
	产生汽蚀	检查油罐中的油位，将油管线上的所有阀门全部打开。检查管线上的过滤器是否堵塞
	泵内部零部件磨损	更换零部件
	机组未完全找正	重新找正
	转子动平衡不好	重新平衡
	最小流量未达到	调整出口阀
泵运行不稳	泵或管线未完全排空	充分排空
	管线或泵堵塞	清理管线或泵叶轮
	管线中有气泡产生	安装排空阀或改变管线布置
	产生汽蚀	检查油罐中的油位，将油管线上的所有阀门全部打开。检查管线上的过滤器是否堵塞
	泵反转	改变电机接线
	泵内部零部件磨损	更换零部件
	泵的出口压力太小	调节泵出口阀
	机组未完全找正	重新找正
	泵进出口承受应力	检查管线与泵连接处
	轴向推力过大	更换密封环
	转子动平衡不好	重新平衡
	轴承(轴瓦)损坏	换轴承或轴瓦
	最小流量未达到	调整出口阀
	叶轮有损伤	更换叶轮(与厂方联系)
	电机出现故障	检查电机

续表

故障	产生原因	排除方法
轴承过热	泵内部零部件磨损	更换零部件
	输送介质的密度、黏度、温度与泵设计不符	与厂方协商
	转速太高	降低转速(对内燃机等)，与厂方协商
	机组未完全找正	重新找正
	泵进出口承受应力	检查管线与泵连接处
	轴向推力过大	更换密封环
	联轴器间隙不对	重新调整
	转子动平衡不好	重新平衡
	轴承(轴瓦)损坏	换轴承或轴瓦
	最小流量未达到	调整出口阀
	轴弯曲	与厂方联系
	润滑系统有沙	清洗润滑系统，检查油位，换油
密封泄漏	密封损坏	更换机械密封
	机组未完全找正	重新找正
	轴弯曲	与厂方联系
泵体泄漏	螺栓未完全拧紧	检查、重新拧紧

拓展知识阅读推荐：

王世厚．泵和压缩机．中国石化出版社，1992.

项目五　半贫液增压泵启机

1　项目简介

胺液再生塔上段半贫液经半贫液循环泵增压后进入乙烷脱碳塔中部，半贫液经半贫液增压泵提升压力后进贫液/半贫液换热器中换热后进胺液再生塔汽提段上部进行完全再生。

启机的目的是提升半贫胺液压力，顺利进入半贫液增压泵。

2　操作前准备

(1)穿防静电工衣、工裤、工鞋，戴好安全帽、手套。

(2)携带小号、中号防爆 F 扳手各一把。

3　操作步骤

3.1　操作前的检查

(1)通知电工给该泵送电并确认电气条件符合要求。

(2)检查进口连接法兰、地脚螺栓，无松动。

(3)检查联轴器防护罩完好无损。

(4)检查仪表、压力表、阀门等安全附件连接牢固，在有效期内。

(5)确认电机及泵轴承已进行良好润滑。

(6)打开泵进口阀门，打开泵体上的排气阀，直至溶液充满泵体。

(7)灌泵排气后打开入口阀，关闭出口阀。

(8)盘车3～5圈，检查无卡阻。

3.2 启机操作

(1)和中控操作员联系，启泵。

(2)首次启机需点动机泵，点动时注意泵内无杂音，运转平稳。通过泵的出口压力表来判断电机的转向，在灌泵充分的条件下，如果泵的扬程为数据单上扬程的40%～50%，则表明转向错误，此时应停车。

(3)按下启动按钮，待出口压力稳定后缓慢开出口阀。检查流量、扬程、电机电流等参数符合要求，运转稳定。

3.3 运行中的检查及操作

(1)检查电机、泵的轴承温度。

(2)检查机械密封泄漏量不应超规定值，各连接点无泄漏。

(3)检查泵出口压力正常。

(4)检查机泵处于良好润滑状态。

(5)检查泵及电机的声音正常。

(6)认真填写动设备运转记录。

4 操作要点

(1)每次启动前必须灌泵充分，严禁泵内无液启动。

(2)点动时间不宜过长。

5 安全注意事项

(1)泵不允许在出口阀关闭或在很小开度下长时间运转，否则容易损坏设备，降低设备的使用寿命。

(2)冬季必须将停运泵体内的溶液排放干净，同时增加伴热进行保温，以防冻坏泵体。

(3)启泵后应及时启动对应的贫液循环泵，防止长时间憋压。

6 突发事件应急处理

应急事故预防与处置见表3－2－5－1。

表3－2－5－1 应急事故预防与处置

故障	产生原因	排除方法
泵流量太小	出口压力大于泵的设计压力	将出口阀逐步打开
	泵或管线未完全排空	充分排空
	管线或泵堵塞	清理管线或泵叶轮
	管线中有气泡产生	安装排空阀或改变管线布置
	产生汽蚀	检查油罐中的油位，将油管线上的所有阀门全部打开。检查管线上的过滤器是否堵塞
	泵反转	改变电机接线
	转速太低	提高转速(对内燃机等)，与厂方协商

续表

故障	产生原因	排除方法
泵流量太小	泵内部零部件磨损	更换零部件
	输送介质的密度、黏度、温度与泵设计不符	与厂方协商
	供电电压不符	调整电压
	电机两相运转	检查线路
	泵不适于并联运行	与厂方联系
	叶轮有损伤	更换叶轮(与厂方联系)
压差太低	泵或管线未完全排空	充分排空
	管线或泵堵塞	清理管线或泵叶轮
	管线中有气泡产生	安装排空阀或改变管线布置
	产生汽蚀	检查油罐中的油位，将油管线上的所有阀门全部打开。检查管线上的过滤器是否堵塞
	泵反转	改变电机接线
	转速太低	提高转速(对内燃机等)，与厂方协商
	泵内部零部件磨损	更换零部件
	输送介质的密度、黏度、温度与泵设计不符	与厂方协商
	供电电压不符	调整电压
	电机两相运转	检查线路
	泵不适于并联运行	与厂方联系
	叶轮有损伤	更换叶轮(与厂方联系)
压力太高	输送介质的密度、黏度、温度与泵设计不符	与厂方协商
	转速太高	降低转速(对内燃机等)，与厂方协商
泵功率太大	管线或泵堵塞	清理管线或泵叶轮
	泵反转	改变电机接线
	泵内部零部件磨损	更换零部件
	输送介质的密度、黏度、温度与泵设计不符	与厂方协商
	泵的出口压力太小	调节泵出口阀
	转速太高	降低转速(对内燃机等)，与厂方协商
	机组未完全找正	重新找正
	泵进出口承受应力	检查管线与泵连接处
	供电电压不符	调整电压
	电机两相运转	检查线路
	轴承(轴瓦)损坏	换轴承或轴瓦
	轴弯曲	与厂方联系
	冷却不足	检查冷却水或风扇

续表

故障	产生原因	排除方法
泵体温度过高	泵或管线未完全排空	充分排空
	产生汽蚀	检查油罐中的油位，将油管线上的所有阀门全部打开。检查管线上的过滤器是否堵塞
	泵内部零部件磨损	更换零部件
	机组未完全找正	重新找正
	转子动平衡不好	重新平衡
	最小流量未达到	调整出口阀
泵运行不稳	泵或管线未完全排空	充分排空
	管线或泵堵塞	清理管线或泵叶轮
	管线中有气泡产生	安装排空阀或改变管线布置
	产生汽蚀	检查油罐中的油位，将油管线上的所有阀门全部打开。检查管线上的过滤器是否堵塞
	泵反转	改变电机接线
	泵内部零部件磨损	更换零部件
	泵的出口压力太小	调节泵出口阀
	机组未完全找正	重新找正
	泵进出口承受应力	检查管线与泵连接处
	轴向推力过大	更换密封环
	转子动平衡不好	重新平衡
	轴承(轴瓦)损坏	换轴承或轴瓦
	最小流量未达到	调整出口阀
	叶轮有损伤	更换叶轮(与厂方联系)
	电机出现故障	检查电机
轴承过热	泵内部零部件磨损	更换零部件
	输送介质的密度、黏度、温度与泵设计不符	与厂方协商
	转速太高	降低转速(对内燃机等)，与厂方协商
	机组未完全找正	重新找正
	泵进出口承受应力	检查管线与泵连接处
	轴向推力过大	更换密封环
	联轴器间隙不对	重新调整
	转子动平衡不好	重新平衡
	轴承(轴瓦)损坏	换轴承或轴瓦
	最小流量未达到	调整出口阀
	轴弯曲	与厂方联系
	润滑系统有沙	清洗润滑系统，检查油位，换油

续表

故障	产生原因	排除方法
密封泄漏	密封损坏	更换机械密封
	机组未完全找正	重新找正
	轴弯曲	与厂方联系
泵体泄漏	螺栓未完全拧紧	检查、重新拧紧

拓展知识阅读推荐：

王世厚．泵和压缩机．中国石化出版社，1992.

项目六　半贫液增压泵停机

1　项目简介

半贫液增压泵出现故障或检维修前，需进行停运。

2　操作前准备

(1)穿防静电工衣、工裤、工鞋，戴好安全帽、手套。

(2)携带小号、中号防爆 F 扳手各一把。

3　操作步骤

3.1　停机前的检查

(1)检查地脚螺栓齐全，无松动现象。

(2)压力表根部阀全开，压力表正常。

(3)检查脱甲烷塔塔底泵各项参数正常。

(4)接调度指令后再停机，同时通知电气和外操人员做好准备。

3.2　正常停车

(1)关闭出口阀。

(2)按下停泵按钮。

(3)关闭进口阀。

3.3　紧急停车

3.3.1　紧急停车条件

(1)工作液的温度或冷却系统的异常引起的过热。

(2)线圈的电流过载，电动机也会因过载而引起电流继电器跳闸。

(3)泵开启后，有严重汽蚀，并有强烈振动。

3.3.2　紧急停车步骤

(1)中控停泵或者现场按下停泵按钮。

(2)关闭出口阀。

3.4　停机后的检查及操作

(1)通知电气人员断电。

(2)通知设备人员分析泵出现故障的原因。

(3)排除泵体内的工艺介质，并吹扫干净。

(4)对泵进行检修。

4 操作要点

(1)接调度室通知后再停泵。

(2)停泵时必须有外操人员在现场确认，防止中控给停机信号而现场未停现象发生。

(3)事情危急到会造成人身伤害及设备损坏时可先自行果断紧急停车处理，之后再逐级上报领导。

5 安全注意事项

(1)停泵后注意再生塔中部液位。

(2)停泵后注意再生塔底液位。

(3)冬季必须将停运泵体内的溶液排放干净，同时增加伴热进行保温，以防冻坏泵体。

(4)需要检修的泵，要排除泵体内的工艺介质，并吹扫干净，以备检修。

(5)泵长时间停机，要排出泵内的输送介质及冷却系统等辅助配管内的液体。

6 突发事件应急处理

应急事故预防与处置见表3－2－6－1。

表3－2－6－1 应急事故预防与处置

故障	产生原因	排除方法
泵流量太小	出口压力大于泵的设计压力	将出口阀逐步打开
	泵或管线未完全排空	充分排空
	管线或泵堵塞	清理管线或泵叶轮
	管线中有气泡产生	安装排空阀或改变管线布置
	产生汽蚀	检查油罐中的油位，将油管线上的所有阀门全部打开。检查管线上的过滤器是否堵塞
	泵反转	改变电机接线
	转速太低	提高转速(对内燃机等)，与厂方协商
	泵内部零部件磨损	更换零部件
	输送介质的密度、黏度、温度与泵设计不符	与厂方协商
	供电电压不符	调整电压
	电机两相运转	检查线路
	泵不适于并联运行	与厂方联系
	叶轮有损伤	更换叶轮(与厂方联系)
压差太低	泵或管线未完全排空	充分排空
	管线或泵堵塞	清理管线或泵叶轮
	管线中有气泡产生	安装排空阀或改变管线布置
	产生汽蚀	检查油罐中的油位，将油管线上的所有阀门全部打开。检查管线上的过滤器是否堵塞

续表

故障	产生原因	排除方法
压差太低	泵反转	改变电机接线
	转速太低	提高转速(对内燃机等)，与厂方协商
	泵内部零部件磨损	更换零部件
	输送介质的密度、黏度、温度与泵设计不符	与厂方协商
	供电电压不符	调整电压
	电机两相运转	检查线路
	泵不适于并联运行	与厂方联系
	叶轮有损伤	更换叶轮(与厂方联系)
压力太高	输送介质的密度、黏度、温度与泵设计不符	与厂方协商
	转速太高	降低转速(对内燃机等)，与厂方协商
泵功率太大	管线或泵堵塞	清理管线或泵叶轮
	泵反转	改变电机接线
	泵内部零部件磨损	更换零部件
	输送介质的密度、黏度、温度与泵设计不符	与厂方协商
	泵的出口压力太小	调节泵出口阀
	转速太高	降低转速(对内燃机等)，与厂方协商
	机组未完全找正	重新找正
	泵进出口承受应力	检查管线与泵连接处
	供电电压不符	调整电压
	电机两相运转	检查线路
	轴承(轴瓦)损坏	换轴承或轴瓦
	轴弯曲	与厂方联系
	冷却不足	检查冷却水或风扇
泵体温度过高	泵或管线未完全排空	充分排空
	产生汽蚀	检查油罐中的油位，将油管线上的所有阀门全部打开。检查管线上的过滤器是否堵塞
	泵内部零部件磨损	更换零部件
	机组未完全找正	重新找正
	转子动平衡不好	重新平衡
	最小流量未达到	调整出口阀

续表

故障	产生原因	排除方法
泵运行不稳	泵或管线未完全排空	充分排空
	管线或泵堵塞	清理管线或泵叶轮
	管线中有气泡产生	安装排空阀或改变管线布置
	产生汽蚀	检查油罐中的油位，将油管线上的所有阀门全部打开。检查管线上的过滤器是否堵塞
	泵反转	改变电机接线
	泵内部零部件磨损	更换零部件
	泵的出口压力太小	调节泵出口阀
	机组未完全找正	重新找正
	泵进出口承受应力	检查管线与泵连接处
	轴向推力过大	更换密封环
	转子动平衡不好	重新平衡
	轴承(轴瓦)损坏	换轴承或轴瓦
	最小流量未达到	调整出口阀
	叶轮有损伤	更换叶轮(与厂方联系)
	电机出现故障	检查电机
轴承过热	泵内部零部件磨损	更换零部件
	输送介质的密度、黏度、温度与泵设计不符	与厂方协商
	转速太高	降低转速(对内燃机等)，与厂方协商
	机组未完全找正	重新找正
	泵进出口承受应力	检查管线与泵连接处
	轴向推力过大	更换密封环
	联轴器间隙不对	重新调整
	转子动平衡不好	重新平衡
	轴承(轴瓦)损坏	换轴承或轴瓦
	最小流量未达到	调整出口阀
	轴弯曲	与厂方联系
	润滑系统有沙	清洗润滑系统，检查油位，换油
密封泄漏	密封损坏	更换机械密封
	机组未完全找正	重新找正
	轴弯曲	与厂方联系
泵体泄漏	螺栓未完全拧紧	检查、重新拧紧

拓展知识阅读推荐：

王世厚．泵和压缩机．中国石化出版社，1992.

项目七 半贫液循环泵启机

1 项目简介

胺液再生塔上段半贫液经半贫液循环泵增压后进入乙烷脱碳塔中部，半贫液经半贫液增压泵提升压力后进贫液/半贫液换热器中换热后进胺液再生塔汽提段上部进行完全再生。

启机的目的是提升半贫液压力，顺利进入吸收塔。

2 操作前准备

(1)穿防静电工衣、工裤、工鞋，戴好安全帽、手套。

(2)携带小号、中号防爆 F 扳手各一把。

3 操作步骤

3.1 操作前的检查

(1)检查确认贫液增压泵已启运。

(2)通知电工给电机送电并确认电气条件符合要求。

(3)检查联轴器防护罩完好无损。

(4)检查进口连接法兰、地脚螺栓无松动。

(5)检查仪表、压力表、阀门等安全附件连接牢固，在有效期内。

(6)检查机油视窗液位在 1/2 ~2/3 之间，无乳化变质现象。

(7)打开泵进口阀门，打开泵体上排气阀和机械密封冲洗排气阀，灌泵排气，直至溶液充满泵体。

(8)灌泵排气后确认最小回流线流程手动全开。

(9)盘车 3 ~5 圈，检查动静件有无卡阻。

3.2 启机操作

(1)通知中控操作员全开半贫液进塔 ESDV 阀，调节阀微开 15%。

(2)和中控操作员联系，启泵。

(3)首次启机需点动机泵，点动时注意泵内无杂音，运转平稳。通过泵的出口压力表来判断电机的转向，在灌泵充分的条件下，如果泵的扬程为数据单上扬程的 40% ~50%，则表明转向错误，此时应停车。

(4)按下启动按钮，待出口压力稳定后缓慢开出口阀。检查流量、扬程、电机电流等参数符合要求，运转稳定。

(5)泵启动后，由出口调节阀控制循环量控制半贫液流量。

3.3 运行中的检查及操作

(1)检查电机、泵的轴承温度。

(2)检查机械密封泄漏量应不超过规定要求，各连接点无泄漏。

(3)检查平衡管畅通。

(4)检查泵出口压力正常。

(5)检查机油视窗液位在 1/2 ~2/3 之间，无乳化变质现象。

(6)检查泵及电机的声音正常。

(7)认真填写动设备运转记录和维修保养记录。

4 操作要点

(1)每次启动前必须灌泵充分，严禁泵内无液启动。

(2)点动时间不宜过长。

5 安全注意事项

(1)泵不允许在出口阀关闭或在很小开度下长时间运转，否则容易损坏设备，降低设备的使用寿命。

(2)冬季必须将停运泵体内的溶液排放干净，同时增加伴热进行保温，以防冻坏泵体。

6 突发事件应急处理

应急事故预防与处置见表3－2－7－1。

表3－2－7－1 应急事故预防与处置

故障	产生原因	排除方法
泵流量太小	出口压力大于泵的设计压力	将出口阀逐步打开
	泵或管线未完全排空	充分排空
	管线或泵堵塞	清理管线或泵叶轮
	管线中有气泡产生	安装排空阀或改变管线布置
	产生汽蚀	检查油罐中的油位，将油管线上的所有阀门全部打开。检查管线上的过滤器是否堵塞
	泵反转	改变电机接线
	转速太低	提高转速(对内燃机等)，与厂方协商
	泵内部零部件磨损	更换零部件
	输送介质的密度、黏度、温度与泵设计不符	与厂方协商
	供电电压不符	调整电压
	电机两相运转	检查线路
	泵不适于并联运行	与厂方联系
	叶轮有损伤	更换叶轮(与厂方联系)
压差太低	泵或管线未完全排空	充分排空
	管线或泵堵塞	清理管线或泵叶轮
	管线中有气泡产生	安装排空阀或改变管线布置
	产生汽蚀	检查油罐中的油位，将油管线上的所有阀门全部打开。检查管线上的过滤器是否堵塞
	泵反转	改变电机接线
	转速太低	提高转速(对内燃机等)，与厂方协商
	泵内部零部件磨损	更换零部件
	输送介质的密度、黏度、温度与泵设计不符	与厂方协商
	供电电压不符	调整电压
	电机两相运转	检查线路
	泵不适于并联运行	与厂方联系
	叶轮有损伤	更换叶轮(与厂方联系)

续表

故障	产生原因	排除方法
压力太高	输送介质的密度、黏度、温度与泵设计不符	与厂方协商
	转速太高	降低转速(对内燃机等)，与厂方协商
泵功率太大	管线或泵堵塞	清理管线或泵叶轮
	泵反转	改变电机接线
	泵内部零部件磨损	更换零部件
	输送介质的密度、黏度、温度与泵设计不符	与厂方协商
	泵的出口压力太小	调节泵出口阀
	转速太高	降低转速(对内燃机等)，与厂方协商
	机组未完全找正	重新找正
	泵进出口承受应力	检查管线与泵连接处
	供电电压不符	调整电压
	电机两相运转	检查线路
	轴承(轴瓦)损坏	换轴承或轴瓦
	轴弯曲	与厂方联系
	冷却不足	检查冷却水或风扇
泵体温度过高	泵或管线未完全排空	充分排空
	产生汽蚀	检查油罐中的油位，将油管线上的所有阀门全部打开。检查管线上的过滤器是否堵塞
	泵内部零部件磨损	更换零部件
	机组未完全找正	重新找正
	转子动平衡不好	重新平衡
	最小流量未达到	调整出口阀
泵运行不稳	泵或管线未完全排空	充分排空
	管线或泵堵塞	清理管线或泵叶轮
	管线中有气泡产生	安装排空阀或改变管线布置
	产生汽蚀	检查油罐中的油位，将油管线上的所有阀门全部打开。检查管线上的过滤器是否堵塞
	泵反转	改变电机接线
	泵内部零部件磨损	更换零部件
	泵的出口压力太小	调节泵出口阀
	机组未完全找正	重新找正
	泵进出口承受应力	检查管线与泵连接处
	轴向推力过大	更换密封环
	转子动平衡不好	重新平衡

续表

故障	产生原因	排除方法
泵运行不稳	轴承(轴瓦)损坏	换轴承或轴瓦
	最小流量未达到	调整出口阀
	叶轮有损伤	更换叶轮(与厂方联系)
	电机出现故障	检查电机
轴承过热	泵内部零部件磨损	更换零部件
	输送介质的密度、黏度、温度与泵设计不符	与厂方协商
	转速太高	降低转速(对内燃机等)，与厂方协商
	机组未完全找正	重新找正
	泵进出口承受应力	检查管线与泵连接处
	轴向推力过大	更换密封环
	联轴器间隙不对	重新调整
	转子动平衡不好	重新平衡
	轴承(轴瓦)损坏	换轴承或轴瓦
	最小流量未达到	调整出口阀
	轴弯曲	与厂方联系
	润滑系统有沙	清洗润滑系统，检查油位，换油
密封泄漏	密封损坏	更换机械密封
	机组未完全找正	重新找正
	轴弯曲	与厂方联系
泵体泄漏	螺栓未完全拧紧	检查、重新拧紧

拓展知识阅读推荐：

王世厚．泵和压缩机．中国石化出版社，1992.

项目八　半贫液循环泵停机

1　项目简介

半贫液循环泵出现故障或检维修前，需进行停运。

2　操作前准备

(1)穿防静电工衣、工裤、工鞋，戴好安全帽、手套。

(2)携带小号、中号防爆 F 扳手各一把。

3　操作步骤

3.1　停机前的检查

(1)检查地脚螺栓齐全，无松动现象。

(2)压力表根部阀全开，压力表正常。

(3)检查半贫液循环泵各项参数。

(4)接调度指令后再停机，同时通知电气和外操人员做好准备。

3.2　正常停车

(1)关闭出口阀。

(2)按下停泵按钮。

(3)关闭进口阀。

3.3　紧急停车

3.3.1　紧急停车条件

(1)工作液的温度或冷却系统的异常引起的过热。

(2)线圈的电流过载，电动机也会因过载而引起电流继电器跳闸。

(3)泵开启后，有严重汽蚀，并有强烈振动。

3.3.2　紧急停车步骤

(1)中控停泵或者现场按下停泵按钮。

(2)关闭出口阀。

3.4　停机后的检查及操作

(1)通知电气人员断电。

(2)通知设备人员分析泵出现故障的原因。

(3)排除泵体内的工艺介质，并吹扫干净。

(4)对泵进行检修。

4　操作要点

(1)接调度室通知后再停泵。

(2)停泵时必须有外操人员在现场确认，防止中控给停机信号而现场未停现象发生。

(3)事情危急到会造成人身伤害及设备损坏时可先自行果断紧急停车处理，之后再逐级上报领导。

5　安全注意事项

(1)停泵后注意再生塔中部液位。

(2)停泵后注意吸收塔液位。

(3)冬季必须将停运泵体内的溶液排放干净，同时增加伴热进行保温，以防冻坏泵体。

(4)需要检修的泵，要排除泵体内的工艺介质，并吹扫干净，以备检修。

(5)泵长时间停机，要排出泵内的输送介质及冷却系统等辅助配管内的液体。

6　突发事件应急处理

应急事故预防与处置见表3－2－8－1。

表3－2－8－1　应急事故预防与处置

故障	产生原因	排除方法
泵流量太小	出口压力大于泵的设计压力	将出口阀逐步打开
	泵或管线未完全排空	充分排空
	管线或泵堵塞	清理管线或泵叶轮
	管线中有气泡产生	安装排空阀或改变管线布置
	产生汽蚀	检查油罐中的油位，将油管线上的所有阀门全部打开。检查管线上的过滤器是否堵塞

续表

故障	产生原因	排除方法
泵流量太小	泵反转	改变电机接线
	转速太低	提高转速(对内燃机等)，与厂方协商
	泵内部零部件磨损	更换零部件
	输送介质的密度、黏度、温度与泵设计不符	与厂方协商
	供电电压不符	调整电压
	电机两相运转	检查线路
	泵不适于并联运行	与厂方联系
	叶轮有损伤	更换叶轮(与厂方联系)
压差太低	泵或管线未完全排空	充分排空
	管线或泵堵塞	清理管线或泵叶轮
	管线中有气泡产生	安装排空阀或改变管线布置
	产生汽蚀	检查油罐中的油位，将油管线上的所有阀门全部打开。检查管线上的过滤器是否堵塞
	泵反转	改变电机接线
	转速太低	提高转速(对内燃机等)，与厂方协商
	泵内部零部件磨损	更换零部件
	输送介质的密度、黏度、温度与泵设计不符	与厂方协商
	供电电压不符	调整电压
	电机两相运转	检查线路
	泵不适于并联运行	与厂方联系
	叶轮有损伤	更换叶轮(与厂方联系)
压力太高	输送介质的密度、黏度、温度与泵设计不符	与厂方协商
	转速太高	降低转速(对内燃机等)，与厂方协商
泵功率太大	管线或泵堵塞	清理管线或泵叶轮
	泵反转	改变电机接线
	泵内部零部件磨损	更换零部件
	输送介质的密度、黏度、温度与泵设计不符	与厂方协商
	泵的出口压力太小	调节泵出口阀
	转速太高	降低转速(对内燃机等)，与厂方协商
	机组未完全找正	重新找正
	泵进出口承受应力	检查管线与泵连接处
	供电电压不符	调整电压
	电机两相运转	检查线路
	轴承(轴瓦)损坏	换轴承或轴瓦
	轴弯曲	与厂方联系
	冷却不足	检查冷却水或风扇

续表

故障	产生原因	排除方法
泵体温度过高	泵或管线未被完全排空	充分排空
	产生汽蚀	检查油罐中的油位，将油管线上的所有阀门全部打开。检查管线上的过滤器是否堵塞
	泵内部零部件磨损	更换零部件
	机组未完全找正	重新找正
	转子动平衡不好	重新平衡
	最小流量未达到	调整出口阀
泵运行不稳	泵或管线未完全排空	充分排空
	管线或泵堵塞	清理管线或泵叶轮
	管线中有气泡产生	安装排空阀或改变管线布置
	产生汽蚀	检查油罐中的油位，将油管线上的所有阀门全部打开。检查管线上的过滤器是否堵塞
	泵反转	改变电机接线
	泵内部零部件磨损	更换零部件
	泵的出口压力太小	调节泵出口阀
	机组未完全找正	重新找正
	泵进出口承受应力	检查管线与泵连接处
	轴向推力过大	更换密封环
	转子动平衡不好	重新平衡
	轴承(轴瓦)损坏	换轴承或轴瓦
	最小流量未达到	调整出口阀
	叶轮有损伤	更换叶轮(与厂方联系)
	电机出现故障	检查电机
轴承过热	泵内部零部件磨损	更换零部件
	输送介质的密度、黏度、温度与泵设计不符	与厂方协商
	转速太高	降低转速(对内燃机等)，与厂方协商
	机组未完全找正	重新找正
	泵进出口承受应力	检查管线与泵连接处
	轴向推力过大	更换密封环
	联轴器间隙不对	重新调整
	转子动平衡不好	重新平衡
	轴承(轴瓦)损坏	换轴承或轴瓦
	最小流量未达到	调整出口阀
	轴弯曲	与厂方联系
	润滑系统有沙	清洗润滑系统，检查油位，换油

续表

故障	产生原因	排除方法
密封泄漏	密封损坏	更换机械密封
	机组未完全找正	重新找正
	轴弯曲	与厂方联系
泵体泄漏	螺栓未完全拧紧	检查、重新拧紧

拓展知识阅读推荐：

王世厚．泵和压缩机．中国石化出版社，1992.

思考题

1. 简述调节离心泵流量的方法。

答：(1)改变排出调节阀的开启度；

(2)改变泵的转速；

(3)旁路调节，改变泵的连接方式。

2. 分析离心泵振动、杂音大的原因及处理方法。

答：离心泵振动、杂音大的原因：不同心、轴弯曲、动平衡破坏、轴承磨损大、汽蚀；

处理方法：请设备维修人员维修泵，查看泵入口压力、液位是否低于给定要求，如果是，应提高入口液位，减小出口流量。

3. 什么是离心泵的汽蚀？发生汽蚀时的处理方法是什么？

答：当离心泵入口压力低于或等于该温度下泵液的饱和蒸汽压时，泵液就汽化，形成大量小汽泡，这些汽泡在叶轮金属表面凝结、溃灭，则液体质点就像无数小弹头一样，连续打击金属表面使之疲劳剥蚀，同时产生振动和响声。这种液体汽化、凝结、冲击剥蚀金属的综合现象称为汽蚀。

处理方法：打开放空阀，对泵进行放空，提高液位的高度；如泵还发生汽蚀，则是泵体问题，应检查泵是否有问题。

4. 天然气脱酸单元的胺液泵温度过高，请分析原因。

答：(1)泵输送介质即胺液浓度过高，导致负载过大。

(2)密封环过紧，阻力过大。

(3)胺液本身温度过高。

(4)电机过载。

5. 乙烷脱碳工艺与经典的脱碳工艺重要区别体现在哪些方面？

答：(1)基于设计理念，乙烷脱碳工艺在经典脱碳工艺的基础上增加了半贫液循环脱碳工艺，确保乙烷气中 CO_2 指标合格。

(2)乙烷脱碳工艺采用活化 MDEA 溶液脱除二氧化碳，活化 MDEA 溶液由 MDEA + PZ 组成，其溶液浓度为 45% ±5%(质量百分比)。

(3)乙烷脱碳工艺对脱除的 CO_2 尾气采用尾气压缩机进行回收。

6. 乙烷脱碳工艺中吸收塔和再生塔停运的操作要点主要有哪些？

答：(1)按要求填写贫液、半贫液增压泵和循环泵停运操作票。

(2)正常停车时，在切断脱乙烷塔塔顶含碳乙烷气至乙烷脱碳装置进料的同时，及时导通含碳乙烷不合格气至贫气压缩机流程。

(3)乙烷脱碳塔停运过程中，需与主工艺主操密切配合，立即关闭液烃回收装置回流贫气，防止因 CO_2 超过设计指标造成回流贫气流道 CO_2 冻堵。

7. 乙烷分子筛脱水工艺如何确保满足乙烷脱水后水露点的设计指标要求？

答：(1)在联动试车阶段，应确保乙烷脱水装置分子筛脱水塔活化干燥合格。

(2)在投料运行中，基于分子筛干燥塔再生时间，适时调节再生气流量和温度，确保乙烷脱水后水露点合格。

单元四　压缩单元操作

模块一　贫气压缩机启停机

项目一　贫气压缩机启机

1　项目简介

贫气压缩机主要作用是将处理后的贫天然气进行增压外输，涉及的主要工艺流程为：

自液烃回收装置来贫天然气和自脱乙烷塔来的不合格乙烷气混合后进入贫气压缩机组增压外输。贫气压缩机增压后贫气一小部分至主装置区作为回流贫气、分子筛再生气、膨胀机的密封气和乙烷汽化热源，绝大部分外输回管网。如图 4－1－1－1 所示。

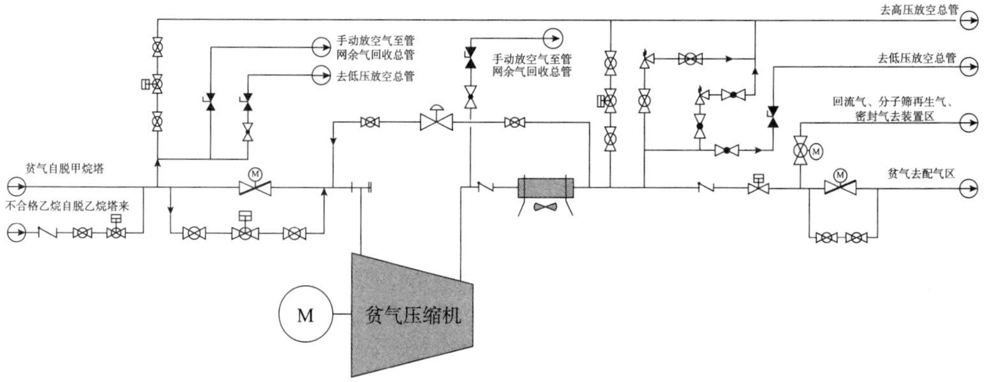

图 4－1－1－1　贫气压缩机工艺流程图

2　操作前准备

(1)穿戴齐劳保用品，主要包括防静电工服、防静电工鞋、工帽等。

(2)常用工具准备：对讲机 1 部、防爆活动扳手 2 把、防爆 F 扳手 2 把、作业票 1 张，巡检记录表 1 张、防爆听针 1 根、中性笔 1 支。

3　操作步骤

3.1　机组运行前的检查

(1)对工艺流程进行检查确认。针对上次不同的停机状态，阀门初始状态确认见表 4－1－1－1。

表 4-1-1-1 阀门初始状态

停机/阀门状态	入口电动阀	入口加载阀	入口气动阀	出口气动阀	出口泄放阀	防喘阀	防喘阀前、后手阀	入口电动阀旁路手阀	出口电动阀旁路手阀
保压停	远程关	开	开	关	关	开	开	开	关
泄压停	远程关	关	关	关	开	开	开	开	关

工艺流程确认：压缩机入口电动阀在“远程”位置，防喘阀及前后手阀全开，出口泄放阀关闭、前后手阀打开，入口加载阀前后手阀打开，出口电动阀旁路手阀关闭。确认机组无跑冒滴漏。

(2)检查机组各部件情况，确认联轴器护罩、安全阀等安全设施齐全完好。

(3)打开压缩机壳体排污口，排放完成后再关上。

(4)联系电仪人员确认电仪系统已达到启机条件。

(5)低压电控各设备全部打至“远程”位置并送电，高压系统送电。

(6)润滑油系统检查确认：确认两台油泵出口阀均打开。确认润滑油冷却器一台运行，一台备用。确认润滑油冷却器管、壳程的导淋阀、排气阀关闭。确认润滑油冷却器循环水进、出口阀全开。确认润滑油过滤器一台运行，一台备用。确认润滑油过滤器导淋阀、排气阀关闭。确认油箱排污阀关闭。确认润滑油高位油箱充油阀关闭。确认润滑油管路一、二次自力式调节阀已投用。确认油箱排烟风机正常运行。确认蓄能器已投用。

(7)干气密封系统检查确认：确认主密封气至火炬放空系统和增压系统至火炬放空系统流程导通。确认干气密封氮气第一道截止阀关闭。确认干气密封盘站所有过滤器投用一组，另一组备用，排放、导淋均关闭。确认干气密封参考气引压线两道阀门全开。确认干气密封增压泵动力线阀门全开。

(8)在 PLC 操作界面“主画面”中选择压缩机位号。

(9)确认“启机系统”画面“启机条件”栏所有开机条件均满足(状态灯为绿色)，将“低压电控”栏各设备调至“远程”状态。

(10)在“联锁画面”中确认除“润滑油总管压力”处于切除状态外，其余联锁均正常投用。

(11)在“联锁画面”中确认除“润滑油总管压力”外，状态灯均为绿色。若“变频器故障”或“变频器紧急停机”状态灯为红色，依次点击切除按钮“确认切除”，点击“系统复位”，再点击“确认”按钮，此时状态灯变为绿色，再次点击切除按钮，点“确认投用”。

3.2 辅助系统投运

3.2.1 投用干气密封系统

(1)投用后置隔离气：润滑油泵投用前先打开下游氮气总阀门及过滤器上下游阀门，再打开自励式调压阀上下游阀门，确认减压后氮气压力。打开火炬线上游闸阀，导通干气密封盘站至低低压火炬流程。

(2)投用增压泵气路：打开增压泵上、下游阀门及氮气过滤减压阀前手阀。

(3)投用一级密封气：打开压缩机二段出口气至主密封阀门，导通压缩机出口气至主密封流程，增压泵根据条件自动开启或停泵。注意：压缩机内进气前必须首先投用一级密封气。当增压泵故障时可采用外引天然气作为主密封气开机时，打开外引气阀门，当压缩机出口压力高于外引天然气压力后，打开压缩机二段出口气至主密封阀门，关闭外引气至主密封气阀门，将密封气切换为机组出口气。

(4)投用二级密封气：打开并调节二级密封气孔板下游节流阀，使对应差压变送器指示在正常范围内。

3.2.2　投用润滑油系统

(1)确认油箱温度在正常范围。

(2)在 PLC“启机系统”界面上，选择一台油泵作为主油泵并启动。

(3)确认润滑油总管压力在正常范围。

(4)确认各供油支管上的油压、支撑轴承供油压力控制在正常范围，推力轴承供油压力控制在正常范围。

3.2.3　正压通风系统投用

(1)启机前打开主电机正压通风系统控制箱进口球阀。

(2)吹扫后，确认控制箱绿灯常亮。

3.2.4　启动盘车电机

(1)联系电气人员给盘车电机送电。

(2)现场按盘车电机操作柱“启动”按钮，无异常声响。

3.2.5　投用空冷器

(1)将空冷器控制按钮投手动。

(2)联系外操人员现场启动空冷器。

3.2.6　停盘车电机

(1)盘车后，现场按盘车电机操作柱“停止”按钮，停盘车器。

(2)停转后按“反转”按钮退出盘车器。

(3)按“停止”按钮停盘车器。

3.3　机组正常启动步骤与操作

(1)在 PLC 界面“启机系统”中“控制模式”栏点击“开始启机”按钮，系统进入启动时序状态，自动启机直至压缩机达到最低工作转速。在“高压合闸”之前，任何步骤失败，时序暂停。此时在“控制模式”栏依次点击“启动过程急停”“启动过程复位”按钮，故障处理完毕后，点击“开始启机”按钮，系统再次进入启动时序。

(2)确认“轴系系统”界面机组轴系仪表显示无报警。

(3)在“防喘振”界面手动逐步关闭防喘阀后投自动。

(4)在“防喘振”界面将转速设定值逐步设定为设计转速。

(5)根据工艺需要，在“防喘振”界面“串级控制选择”栏点击“压缩机出口”或“脱甲烷塔顶”，实现压缩机出口压力控制或脱甲烷塔顶压力控制。

(6)在整个加负荷过程中，确保压缩机出口温度在正常范围内。

(7)变/工频转换操作：与工艺人员结合，将压缩机转速提至要求转速。

在“防喘振”界面点击“变频 - 工频切换”，进入“变频工频切换控制”界面，点击“人工确认切至工频”，在二次确认窗口点击“允许”，此时“满足条件”指示灯亮。点击“切换旁路准备”，在二次确认窗口点击“切换”按钮，当“已切换至工频运行”指示灯变绿，机组已从变频切换至工频运行。机组工频切至变频操作步骤相同，参照操作。

4　操作要点

(1)机组启动前由中控人员向调度汇报，并通知电气人员确认变频器准备就绪。

(2)打开充油阀给高位油箱充油时应密切监视回油视镜，发现回油视镜有油时立刻关闭充油阀，防止冒罐。

(3)油泵启运前一定要检查就地压力表，确认隔离气投运正常，防止润滑油进入密封。并通过回油视镜观察回油状态正常。

(4)压缩机内进气前必须首先投用一级密封气，压缩机必须带压启动，机内压力必须高于火炬管网压力，否则一级密封上下游可能会形成负压差，启动后会损坏密封。

(5)机组启动前应再次确认盘车系统已退出。

5　安全注意事项

(1)若机组有漏油需及时处理，轻微泄漏暂时无法处理的需要做好集油措施，清洁地面，防止地面湿滑摔倒。

(2)机组运行时，部分工艺设备管道及密封盘站设备管道温度高，注意防烫。

(3)现场操作时要保证一人操作一人监护。

(4)机组升负荷时，在保证现场监控的前提下，尽量远离压缩机，待运行稳定后再进行检查。

6　应急事故预防及处置

(1)启机过程中，若清楚听到机内发出异常金属声响，应果断紧急停机。

(2)机组工艺系统及本体发生泄漏且不可控时，应果断紧急泄压停机。

(3)机组启机过程中发生喘振且不能消除时，应果断紧急停机。

拓展知识阅读推荐：

(1)杨丽萍．油气田常用压缩机．石油工业出版社，2012，3.

(2)匡照忠．化工机器与设备．化学工业出版社，2011，2.

项目二　贫气压缩机停机

1　项目简介

自液烃回收装置来贫天然气和自脱乙烷塔来的不合格乙烷气混合后进入贫气压缩机组增压外输。贫气压缩机增压后贫气一小部分至主装置区作为回流贫气、分子筛再生气、膨胀机的密封气和乙烷汽化热源，绝大部分外输回管网。

由于装置检修、停产检查等因素，接调度指令后需进行停机操作。

2　操作前准备

(1)穿戴齐劳保用品，主要包括防静电工服、防静电工鞋、安全帽等。

(2)常用工具准备。对讲机1部、防爆活动扳手2把、防爆F扳手2把、作业票1张，巡检记录表1张、防爆听针1根、中性笔1支。

3　操作步骤

3.1　正常停机

(1)在“防喘振”界面逐步手动全开压缩机防喘振阀。

(2)在“防喘振”界面逐步手动降低压缩机转速至要求转速。

(3)在“启机系统”界面“控制模式”栏点击“正常停机”按钮，压缩机停机。

(4)PLC 界面显示机组转速降至 0 后，再过数分钟，现场启动盘车电机，盘车到指定时间后停盘车电机。

(5)若工艺系统需要泄压，现场停干气密封缓冲气(二级密封气)，当工艺系统泄压至常压时，先停干气密封加热器，再停干气密封主密封气。

(6)保持机组停机后润滑油供应 1h 以上，在“启机系统”界面“低压电控”栏手动停润滑油泵。

(7)停润滑油泵 30min 后，现场关干气密封系统隔离气氮气切断手阀。

3.2　紧急停机

紧急停机条件：

(1)机组转速升高到超速跳闸转速而未产生速关动作。

(2)机组振动突然增大，振幅达到或超过规定的极限值。

(3)清楚听到机内发出金属声响。

(4)机组任何一只轴承的温度急骤升高，达到规定的极限值。

(5)转子轴位移突然增大超过规定极限值。

(6)油系统着火并且不能很快将火扑灭。

(7)压缩机发生严重喘振而不能消除。

(8)压缩机密封系统故障而不能排除。

(9)工艺系统发生事故，要求机组紧急停机。

(10)其他辅助设备突然发生致使机组无法继续运行的故障。

3.3　紧急停机步骤

现场变频器紧急停机操作柱、UCS 机柜或中控室压缩机停车控制盘可实现保压停机和泄压停机。

4　操作要点

(1)停机后要确认密封盘站增压泵正常启动，确保密封气的正向流动。

(2)停机后待机组转速降至 0 后及时对机组盘车。

(3)润滑油泵停止 30min 后且观察高位油箱液位为 0，机组回油视窗无回油，方可停隔离气。

5　安全注意事项

(1)若机组有漏油需及时处理，轻微泄漏暂时无法处理的需要做好集油措施，清洁地面，防止地面湿滑摔倒。

(2)现场操作时要保证一人操作一人监护。

6　应急事故预防及处置

贫气压缩机意外停机会造成膨胀机停机，工艺人员要及时处理，防止超压超温。

拓展知识阅读推荐：

(1)杨丽萍．油气田常用压缩机．石油工业出版社，2012，3.

(2)匡照忠．化工机器与设备．化学工业出版社，2011，2.

思考题

1. 贫气压缩机密封盘站中增压泵的作用是什么?

答:增压泵主要是在滞止工况下为密封气增压,保证密封气的正向流动,防止污染密封面。

2. 启动过程中防喘阀一直保持何种状态?

答:启动过程中防喘阀要一直保持全开状态,防止因进气量不足导致机组喘振。

3. 贫气压缩机停机停润滑油泵后能否立即切断隔离气源?为什么?

答:润滑油泵停止后,高位油箱内的油还没有回完,若停油泵后立即关闭隔离气,仍有润滑油进入密封内污染密封的风险。

4. 贫气压缩机停机后为什么要进行盘车?

答:停机后盘车,一是检查机组机械运转是否正常,有无异常摩擦;二是能够使转子部分受热均匀,防止弯曲。

模块二 冷剂压缩机启停机

项目一 冷剂压缩机启机

1 项目简介

冷剂压缩机主要工艺流程：自液烃回收装置主冷箱来的低压气态混合冷剂进入一段入口分离器，再进入冷剂压缩机一段增压，一段出口冷剂经一段出口冷却器冷却，再经二段入口分离器进入冷剂压缩机二段增压，经二段出口冷却器冷却，进入末级出口分离器后输送至液烃回收装置区。如图 4 –2 –1 –1 所示。

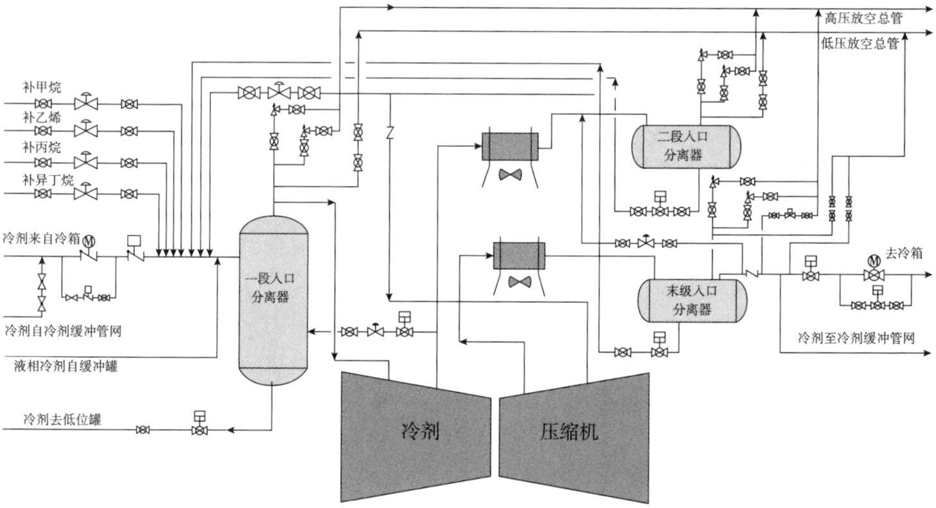

图 4 –2 –1 –1 冷剂压缩机工艺流程图

2 操作前准备

(1)穿戴齐劳保用品，主要包括防静电工服、防静电工鞋、安全帽等。

(2)常用工具准备：对讲机 1 部、防爆活动扳手 2 把、防爆 F 扳手 2 把、作业票 1 张，巡检记录表 1 张、防爆听针 1 根、中性笔 1 支。

3 操作步骤

3.1 机组运行前的检查与准备

3.1.1 电气系统

(1)联系电气确认高、低压供电系统已供电，变频器已达到启机条件。

(2)压缩外操打开主电机正压保护吹扫气阀门进行吹扫，吹扫完成后中控室启车条件中“正压通风压力正常”指示灯变绿。

3.1.2 仪控系统检查

(1)联系仪表确认分机柜室 PLC 控制柜已达到启机条件。

(2)检查现场仪表风压力在正常范围内，气动阀门已正常供风。现场电动阀置于远程。

(3)检查现场所有压力表、压差表、液位计、变送器已正确投用，显示正常。

(4)检查确认中控操作界面上机组所有联锁均已投用。

3.1.3　密封气系统

(1)打开隔离气的氮气供气阀门确认氮气压力在正常范围内。

(2)打开隔离气阀门，选择一组过滤器为主过滤器，另一组备用，确认压力变送器指示减压后氮气压力正常。

(3)打开压缩机二段出口气至主密封气阀门(为了避免冷剂系统中混入氮气，一般情况下不使用氮气作为主密封气)。

(4)确认火炬线背压不高于要求压力，打开一级密封排火炬阀门，打开主密封气加热器和增压泵前后阀门。关闭驱动端及非驱动端密封气压差调节阀的旁通，中控手动调节非驱动端和驱动端调节阀开度，保证非驱动端及驱动端流量计端数值大于0，压缩机稳定运行后数值在正常范围内(压缩机运行稳定后调节阀可投自动，压缩机外操每月对干气密封排污一次)。

(5)中控室将密封气加热器投自动。

(6)确认隔离气和主密封气过滤器压差小于要求值。

3.1.4　冷却水系统

(1)检查冷却水压力、温度在正常范围内。

(2)利用切换手柄选择一台可正常工作的油冷器，投用该油冷器，如有必要可打开冷却水排气阀进行排气。

3.1.5　润滑油系统

(1)现场确认润滑油站油箱油位在液位计停机油位位置。

(2)对润滑油泵盘车3~5圈，确认泵转动灵活无卡阻。

(3)打开主、辅润滑油泵进、出口阀门，利用切换手柄投用油冷器及油滤器。

(4)确认润滑油蓄能器入口阀已打开。

(5)中控观察启泵条件满足后，通知电气人员在电控室选择一台泵作为主泵启动，压缩岗现场调整回流阀门开度，调整润滑油压力在正常范围内，通过压缩机、主电机和齿轮箱的回油管线的玻璃视窗确认润滑油循环正常。

(6)中控内操在PLC上启动油雾风机。

(7)压缩岗外操打开高位油箱的充油阀，对高位油箱进行充油，当溢流视窗看到润滑油时，关闭充油阀。

(8)通知电气人员在电控室将润滑油加热器投自动。

3.1.6　压缩机盘车

(1)压缩岗外操将盘车电机挂齿推杆位置推至“合”的位置，并将盘车电机下部护罩盖上。

(2)通知中控人员在PLC上启动盘车，现场仔细检查机组有无异常声音，中控检查轴系参数无异常。

(3)盘车5min后中控人员在PLC上停止盘车，现场将盘车推杆推至“分”位置。

3.1.7　工艺系统流程检查

(1)压缩机系统冷剂充压在正常范围内。

(2)一、二段防喘阀及其前后截止阀全开，入口旁通加载阀(其前后截止阀打开)及电动阀关闭，出口旁通(其前后截止阀打开)及电动阀关闭，出口放空阀关闭。

(3)确认各段分离器液位正常，一段热吹气流程根据工艺需要导通或关闭。

(4)确认各安全阀投用，手动放空关闭，手动至回收气管网流程关闭，导通联锁放空流程。

(5)打开压缩机所有壳体排污，排放后关闭(防止压缩机壳体内有液损坏机组)。

(6)现场检查空冷器满足启动条件后通知中控人员在 PLC 上启动空冷器。

3.2　机组正常开车步骤

(1)确认中控 PLC 界面所有联锁都显示为绿色，按下保压停机复位按钮，弹出对话框，长按确认按钮 2s 后保压停机指示灯由红变绿。机组正常停机或泄压停机需按下相应的复位按钮，机组因轴系仪表停机，需按下本特利复位，入口 ESDV 现场手动复位后打开。

(2)中控启机系统操作界面上确认所有启动条件满足后按下“启动确认”按钮，“允许启动”指示灯变为绿色。

(3)按下启动按钮，压缩机就绪信号变为绿色，变频器高压合闸先变绿色后变红色(脉冲信号)，压缩机进入启动程序，电机速度自动升至暖机转速，暖机 5min，然后继续自动升速至设定值。此阶段一、二段防喘阀电磁阀未得电，注意观察油路、密封气、轴系各参数正常有无报警。

(4)电机升速至设定值后，“变频器转速至调节区”灯变绿，按下“投自动按钮”，两段防喘阀得电，将防喘阀由“维护”模式切换为“自动模式”后根据工况调节防喘阀开度。

(5)中控人员 PLC 打开加载阀，当压差小于设定值时打开入口 MV 阀。

(6)中控人员 PLC 打开压缩机出口 XV 阀，当压差小于设定值时打开出口 MV 阀。

(7)压缩机运行稳定后密封气系统可投用回收系统。

(8)工变频切换：得到切工频指令后，与工艺人员结合，将压缩机电机转速提至要求值，在“启车系统”界面确认“切换工频就绪”条件灯变绿色，然后点击“切换工频”，“工频”灯变为绿色说明切换成功。可根据电气要求点击“冷待机按钮”，机组进入冷待机状态，便于电气人员维护变频器。如果要切换回变频，先确认“切换变频就绪”灯为绿色，点击“切换变频”，“工频”灯变为灰色说明切换成功，如果工频切换变频程序卡住，点击“取消切换变频”，然后重新操作。

3.3　机组日常巡检内容

(1)检查设备本体、密封及各连接法兰无跑、冒、滴、漏等异常现象。

(2)检查中控室控制界面参数显示应正常，无报警提示信息。

(3)检查、记录机组各运行参数，并与以前参数进行对比，分析机组运行趋势。

(4)检查现场各个阀位指示状态正常。

(5)检查现场工艺气、密封气、隔离气、润滑油仪表参数与远传站控机参数应一致。

(6)检查空冷器风扇及电机运转正常，无异常声响。

(7)检查机组润滑油箱油位在正常范围内，必要时补充润滑油。

(8)通过润滑油各回油观察视窗检查润滑油流动情况，润滑油供给应充足，检查润滑油过滤器差压合格，当差压达到报警时切换过滤器，更换滤芯。

(9)每月打开机组干气密封排污阀排污一次，防止干气密封中积液。

4　操作要点

(1)机组启动前由中控人员向调度汇报，并通知电气人员确认变频器准备就绪。

(2)打开充油阀给高位油箱充油时应密切监视回油视窗，发现回油视窗有油时立刻关闭充油阀，防止冒罐。

(3)油泵启运前检查就地压力表已投用，确认隔离气已投运且压力正常，防止润滑油进入密封。油泵启动后通过回油视窗观察回油状态。

(4)压缩机内进气前必须首先投用一级密封气，且一级密封气增压泵流程确认导通，防止壳体内杂质进入密封污染密封面。

(5)机组启动前应再次确认盘车系统已退出，并对壳体进行排污。

5　安全注意事项

(1)若机组有漏油需及时处理，轻微泄漏暂时无法处理的需要做好集油措施，清洁地面，防止地面湿滑摔倒。

(2)机组运行时，部分工艺设备管道及密封盘站设备管道温度高，注意防烫伤。

(3)现场操作时要保证一人操作一人监护。

(4)机组升负荷时，在保证现场监控的前提下，尽量远离压缩机，待运行稳定后再进行检查。

6　应急事故预防及处置

(1)启机或运行过程中，若清楚听到机内发出异常金属声响，或者机组其他异常噪声，应果断紧急停机。

(2)机组工艺系统及本体发生泄漏且不可控时，应果断泄压停机。

(3)机组启机或者运行过程中发生喘振且不能消除时，应果断紧急停机。

(4)机组任一轴承断油、冒烟或突然升温至高高报警以上时，应果断紧急停机。

拓展知识阅读推荐：

(1)杨丽萍．油气田常用压缩机．石油工业出版社，2012，3.

(2)匡照忠．化工机器与设备．化学工业出版社，2011，2.

项目二　冷剂压缩机停机

1　项目简介

由于装置检修、停产检查等因素，接调度指令后需进行停机操作。

2　操作前准备

(1)穿戴齐劳保用品，主要包括防静电工服、防静电工鞋、安全帽等。

(2)常用工具准备：对讲机 1 部、防爆活动扳手 2 把、防爆 F 扳手 2 把、作业票 1 张，巡检记录表 1 张、防爆听针 1 根、中性笔 1 支。

3　操作步骤

3.1　正常停机

(1)中控人员在 PLC 上缓慢开大一、二段防喘阀开度，降低压缩机转速，直至一、二段防喘阀开度为 100%，压缩机转速降至要求值。

(2)中控人员在 PLC 上按下正常停机按钮，机组正常停机。

(3)机组转速降到零后，开启机组盘车装置进行盘车 30min。

(4)盘车停止后，才能停止机组润滑油系统。

3.2　手动紧急停机

紧急停机条件：

(1)机转速升高到超速跳闸转速而未产生速关动作。

(2)机组振动突然增大，振幅达到或超过规定的极限值。

(3)清楚听到机内发出金属声响。

(4)机组任何一只轴承的温度急骤升高，达到规定的极限值。

(5)转子轴位移突然增大超过规定极限值。

(6)油系统着火并且不能很快扑灭。

(7)压缩机发生严重喘振而不能消除。

(8)压缩机密封系统故障而不能排除。

(9)工艺系统发生事故，要求机组紧急停机。

(10)其他辅助设备突然发生致使机组无法继续运行的故障。

3.3　紧急停机步骤

现场变频器紧急停机操作柱、UCS机柜或中控室压缩机停车控制盘可实现保压停机和泄压停机。

4　操作要点

(1)停机后要确认密封盘站增压泵已正常启动，确保密封气的正向流动。

(2)停机后确认压缩机转速为0后及时对机组进行盘车。

(3)润滑油泵停止30min后且观察高位油箱液位为0，机组回油视窗无回油，方可停隔离气。

5　安全注意事项

(1)若机组有漏油需及时处理，轻微泄漏暂时无法处理的需要做好集油措施，清洁地面，防止地面湿滑摔倒。

(2)现场操作时要保证一人操作一人监护。

6　应急事故预防及处置

(1)压缩机停机后，要继续运转润滑油泵一段时间持续给轴承降温，防止轴承温度升高损坏轴瓦。

(2)机组异常停机后，未找到停机原因并排除故障前不得重新启机，如果壳体已冷却要注意对壳体排液，防止启机时压缩机带液损坏叶轮。

拓展知识阅读推荐：

(1)杨丽萍.油气田常用压缩机.石油工业出版社，2012，3.

(2)匡照忠.化工机器与设备.化学工业出版社，2011，2.

思考题

1. 离心压缩机发生喘振时的特征是什么？

答：压机工况不稳定，出口压力和入口流量周期性大幅度波动，同时平均排气压力值下降；有强烈的周期性气流噪声，出现气流的吼叫声；机器强烈振动，机体、轴承、管道的振幅急剧增加。

2. 润滑油站油过滤器切换操作要点是什么？

答：打开平衡阀向备用过滤器内充油；打开备用过滤器顶部排气阀直到排气口连续有油冒出时，关闭排气阀；转动切换手柄指向备用过滤器；关闭平衡阀。

3. 润滑油系统中蓄油器的作用是什么？

答：蓄油器作用是当供油管压力下降时，特别是在主、辅油泵切换过程中所造成的压力瞬间跌落时，补充润滑油保证供油压力。

4. 冷剂压缩机主密封气为什么尽量不使用氮气？

答：氮气进入冷剂系统会影响冷剂制冷效果，可在启停机过程中一直使用压缩机二段出口气作为气源，手动调节主密封气调节阀和主密封气增压泵来调整密封气流量。

模块三　丙烷压缩机启停机

项目一　丙烷压缩机启机

1　项目简介

丙烷压缩机主要作用是为脱乙烷塔塔顶气相提供冷量，将塔顶气相进行冷凝，被冷凝后的气液两相进入回流罐，分离出的乙烷气进入后续单元处理，液相作为脱乙烷塔的回流。主要工艺流程为：自液烃回收装置来的气态丙烷首先进入气液分离器过热，再进入丙烷压缩机增压，经水冷冷凝器冷却全部冷凝，再经经济器过冷、气液分离器过冷后输送至丙烷蒸发器橇对脱乙烷塔塔顶气相进行冷却。如图4－3－1－1所示。

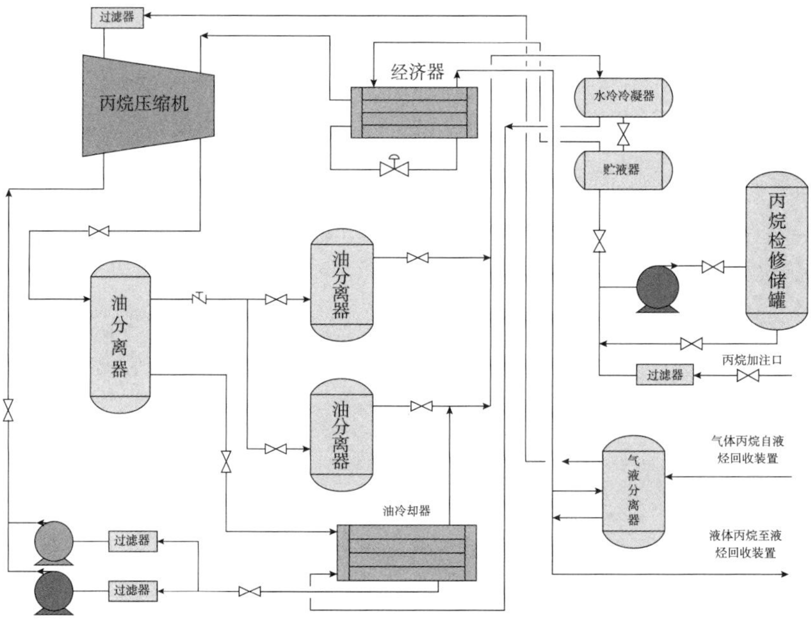

图4－3－1－1　丙烷压缩机工艺流程图

2　操作前准备

(1)穿戴齐劳保用品，主要包括防静电工服、防静电工鞋、安全帽等。

(2)常用工具准备：对讲机1部、防爆活动扳手2把、防爆F扳手2把、作业票1张，巡检记录表1张、防爆听针1根、中性笔1支。

3　操作步骤

3.1　操作前检查

3.1.1　供电系统

(1)联系电气人员确认高、低压供电系统已达到启机条件，1#油泵电源、2#油泵电源、稀油站电源、正压柜电源、控制回路电源、油分加热器电源、主电机加热器电源打到合位。退液加注泵电源打到分位。

(2)联系电气人员确认稀油站就地电气操作柜供电正常。1#油泵电源、2#油泵电源、控制电源、加热器电源打到启动位置。油泵选择开关打到1#油泵为主泵，2#油泵备用。

(3)检查PLC柜正压通风系统已正常投用，PLC柜已供电运行。

3.1.2　仪表检测及控制系统

联系仪表确认现场压力表、变送器、自控仪表系统调试已达到启机条件。

3.1.3　冷却水系统

确认机组冷却水界区阀门已打开，水温、水压正常。

3.1.4　密封气系统

(1)检查机组界区氮气阀门已全开，调整干气密封盘站调压阀，控制入口压力在正常范围内，调整后手阀调整干气密封流量在要求值。

(2)打开干气密封积液罐上部放空手阀，确认密封气流程通畅。

3.1.5　稀油站润滑油系统

(1)检查润滑油油位。

(2)检查润滑油温度。

(3)检查流程正确后启动润滑油泵，调整回油手阀，将供油压力控制在要求值。

(4)检查油滤器压差高于要求值时切换油滤器。

(5)确认高压主电机的两侧轴承端视镜油位在1/3以上。

3.1.6　工艺系统

联系工艺人员确认上下游各阀门开关状态正确，达到启机条件。

3.2　启动

(1)确认PLC界面故障报警界面无报警信息，I/O状态正常。若有报警，按复位按钮，报警消除说明条件已满足。若复位后仍无法消除，排查原因。

(2)检查油分离器润滑油油位在正常范围内。

(3)在现场PLC界面上，点击“调试状态”图标，调试状态图标高亮说明已选中。查看“投入/退出”状态，在按钮显示“退出”时，点击“油泵选择”按钮，选择需要启动的油泵，选择完成后点击“投入/退出”按钮，按钮显示“投入”，即已进入调试状态。按左上角箭头，返回主界面。

(4)关闭油分离器、精细油分离器底部的三位一体回油手阀，防止机组内部油反串。切换到手动操作界面，再次确认油路畅通，点“开油泵”按钮，开启油泵。检查油泵机械运转正常。

(5)检查润滑油温度，当油温低于要求值时在现场低压配电柜启动油分加热器，油分温度及供油温度加热至要求值以上才允许开机。因加热时间长，长时间停机后再次启机，需要提前开启加热器对润滑油进行加热。

(6)调整油压力差(供油压力－排气压力)在设定范围内。若油压较低，顺时针旋转油压调节阀调节杆，升高油压。反之，降低油压。

(7)检查油滤器压差高于设定值时切换油滤器。

(8)当润滑油系统正常后，停止油泵，PLC急停按钮拍下(确保安全，防止盘车时机组误启动)，手动盘车3～5圈，盘车正常后安装好联轴器护罩。恢复急停按钮，重启油泵。

(9)通知本列中控室，汇报调度准备开机。

(10)确认能量载位为0，不为0则卸载到0(按“卸载”，机组会一直卸载。再按一次“卸载”，停止卸载)，查看I/O状态应有零载位输出。无零载位输出无法启动压缩机。

(11)按“开主机”按钮，启动压缩机。随着吸气压力降低，缓慢打开入口阀，直至全开。

(12)开机后微开油分离器、精细油分离器的回油阀，在压差作用下油气会回到压缩机吸入端。

(13)开机后在PLC“模拟修正”界面，参照上述报警联锁值表格，观察各运行参数正常。

(14)机组运转正常后需要检查各密封面有无发生泄漏，尤其注意油管路及蒸发器低温管路、仪表、密封面的密封情况。

3.3　运行参数调试

(1)打开油冷器旁通阀，通过自带温控阀，控制油温在正常范围内。

(2)调整冷却水量，控制冷凝压力在正常运转参数的范围内。

(3)当末端温度降至要求值后，调整供液阀及旁通手阀，保持稳定供液，蒸发器液位应在设定范围内，保持满液式蒸发。

3.4　模式切换及吸压设定

(1)在PLC界面上，点击“本地自动”按钮，“本地自动”图标高亮，则机组进入本地自动状态。

(2)本地自动和调试模式在机组运行时可以切换。

(3)点击需要修改的液位值或吸气压力值即可进行修改。

4　操作要点

(1)机组启动前由外操人员向调度汇报。

(2)启机前要检查I/O状态栏，确保零载位开关指示灯显示红色。无其他故障报警信息。

(3)长时间停机再次启机，应提前投运油分电加热器，确保油分温度在正常范围。

(4)机组长时间零载位低负荷运行时容易导致排气温度过高、轴承温度过高。

(5)开机后注意观察机组及蒸发器处有无泄漏，做好热紧和冷紧工作。

5　安全注意事项

(1)若机组有漏油需及时处理，轻微泄漏暂时无法处理的需要做好集油措施，清洁地面，防止地面湿滑摔倒。

(2)机组运行时，部分工艺设备管道及密封盘站设备管道温度高，注意防烫。

(3)现场操作时要保证一人操作一人监护。

6　应急事故预防及处置

(1)启机过程中，若清楚听到机内发出异常金属声响，应果断紧急停机。

(2)机组工艺系统及本体发生泄漏且不可控时，应果断泄压停机。

拓展知识阅读推荐：

(1)杨丽萍．油气田常用压缩机．石油工业出版社，2012，3.

(2)匡照忠．化工机器与设备．化学工业出版社，2011，2.

项目二　丙烷压缩机停机

1　项目简介

由于装置检修、停产检查等因素，接调度指令后需进行停机操作，包括按照操作规程进行压缩机停机前准备、压缩机降负荷、停止压缩机、停机后检查等。

2　操作前准备

(1)穿戴齐劳保用品，主要包括防静电工服、防静电工鞋、安全帽等。

(2)常用工具准备：对讲机1部、防爆活动扳手2把、防爆F扳手2把、作业票1张，巡检记录表1张、防爆听针1根、中性笔1支。

3　操作步骤

(1)停机前观察贮液器液位，若贮液器液位过高可以切换至调试模式，手动缓慢卸载，将贮液器内液位转移至蒸发器，也可在停机后快速关闭贮液器贮液阀，防止停机后贮液器内大量液体快速充入蒸发器。

(2)在PLC手动操作界面或运行监控界面(自动状态)，按“停主机”按钮，停止压缩机。压缩机会按照既定程序，自动卸载，停主机，停油泵。也可在调试模式下缓慢卸载后，再停主机，延时停油泵。

(3)短时间停机，现场手动阀门可保持开机时状态。稀油站、干气密封系统维持正常运行，以备随时开机。

(4)长时间停机，关闭吸入口阀，关闭贮液器出液阀。

4　操作要点

按停机按钮后若机组长时间卸载却不能停机，检查I/O状态栏，确认零载位开关指示灯显示红色。若零载位开关无显示，在确认机组现场能量载位在0时，可紧急停机。停机后处理载位开关。

5　安全注意事项

(1)若机组有漏油需及时处理，轻微泄漏暂时无法处理的需要做好集油措施，清洁地面，防止地面湿滑摔倒。

(2)现场操作时要保证一人操作一人监护。

6　应急事故预防及处置

丙烷压缩机停机会导致脱乙烷塔无法正常工作，要立刻汇报调度，通知工艺人员及时处理。

拓展知识阅读推荐：

(1)杨丽萍．油气田常用压缩机．石油工业出版社，2012，3.

(2)匡照忠．化工机器与设备．化学工业出版社，2011，2.

思考题

1. 螺杆压缩机启机前为何要关小入口阀？

答：为了降低启动载荷，防止启动时电机电流过大。

2. 螺杆压缩机启机前滑阀处于什么状态？为什么？

答：启机前滑阀必须处于零载位，可以降低启动载荷，防止启机电流过大。

3. 螺杆压缩机启机后排气温度过高可能是哪些原因造成的?

答：机组润滑油冷却不好、冷剂不纯、冷凝器冷却效果差都会造成排气温度过高。

4. 螺杆压缩机入口单向阀失效，可能会造成哪些后果?

答：入口单向阀失效，容易造成停机时气体反串，导致机组反转。

5. 造成螺杆压缩机轴封失效的原因主要有哪些?

答：造成轴封失效的主要原因有：机组不对中等原因造成的振动过大、冲洗量不够、冲洗液不够清洁、冲洗液温度过高、密封选型不当、密封质量差、操作失误等。

模块四　尾气压缩机启停机

项目一　尾气压缩机启机

1　项目简介

乙烷脱碳装置排放的尾气，主要成分是 CO_2 和饱和水，不能排入火炬系统，也不能直接排放至大气环境。设置尾气压缩机对尾气进行增压，为将来对 CO_2 回收预留接口和位置，目前暂时增压后返送至外输贫天然气中。其涉及的主要工艺流程如下：自乙烷脱碳装置区来高含 CO_2 尾气，与贫气增压装置来密封气混合后进入入口分离器进行气液分离，气相进入二氧化碳压缩机组一段入口，通过 3 段增压压力升高，尾气经一段出口空冷器、二段入口分离器、二段出口空冷器、三段入口分离器和末级出口空冷器、三级出口分离器接至管网输送至配气区。如图 4－4－1－1 所示。

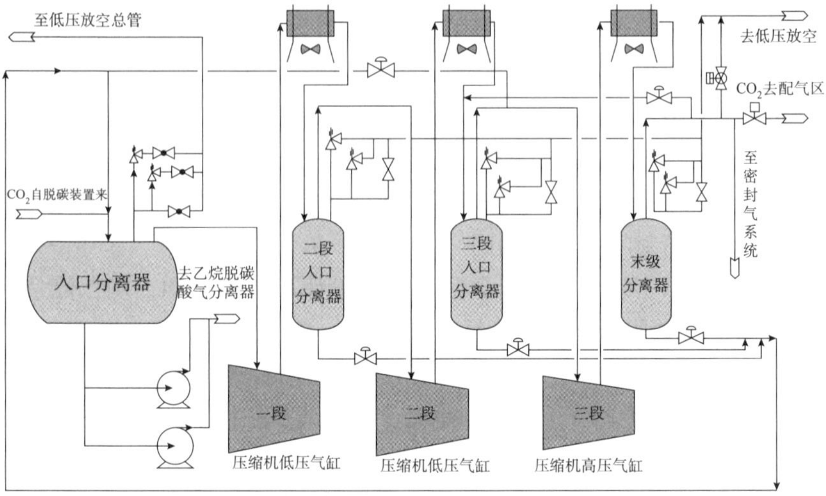

图 4－4－1－1　CO_2 离心压缩机工艺流程图

2　操作前准备

(1)穿戴齐劳保用品，主要包括防静电工服、防静电工鞋、安全帽等。

(2)常用工具准备：对讲机 1 部、防爆活动扳手 2 把、防爆 F 扳手 2 把、作业票 1 张，巡检记录表 1 张、防爆听针 1 根、中性笔 1 支。

3　操作步骤

3.1　机组运行前的检查与准备

3.1.1　电气系统

(1)联系电气确认高压供电系统、变频器已达到启机条件。

(2)联系电气确认低压供电系统工作正常，现场所有用电设备已供电，且投入远程控制，包括：润滑油泵、润滑油加热器、密封气加热器、盘车电机、油雾风机、主电机空间加热器、空冷器。

(3)压缩外操打开主电机正压保护吹扫气阀门进行吹扫，吹扫完成后中控室启车条件中“正压通风压力正常”指示灯变绿。

3.1.2　仪控系统检查

(1)联系仪表人员确认现场仪表、自控系统已达到启机条件。

(2)确认中控操作界面上检查机组所有联锁均已投用。

3.1.3　密封气系统

(1)缓慢打开隔离气过滤器上游氮气切断阀，缓慢打开隔离气过滤器排污阀，确认无液体排出后关闭。

(2)投用低压缸后置隔离气：启动油泵前打开下游氮气总阀门及过滤器上下游阀门，打开氮气自励式调压阀上下游阀门。

(3)投用高压缸后置隔离气：启动油泵前打开氮气总阀门及过滤器上下游阀门，打开自励式调压阀上下游阀门。

(4)投用低压缸一级密封气和前置密封气：打开低压缸盘站管路上氮气进气阀门，中控人员在PLC上手动调整低压缸端密封气和前置气调节阀，外操配合调节孔板下游节流阀，使对应管路上差压变送器指示在正常范围内。

(5)投用增压泵：打开增压泵前后阀门，调节过滤减压阀，使压力表指示在正常范围内。

(6)调节孔板下游节流阀，使差压变送器指示在正常范围内。

(7)投用低压缸密封气加热器，打开低压缸电加热器控制箱上的主电源和回路开关，把电加热器设置为远程控制模式，电加热器即可自动启停。

(8)打开低压缸主密封气至火炬阀门。

(9)投用低压缸二级密封气：打开金属转子流量计下游节流阀，确认流量计示数指示在正常范围内，可通过阀门开度调节流量。

(10)投用高压缸一级密封气：打开高压缸密封盘站管路氮气阀门，中控人员在PLC上手动调整高压缸密封气调节阀开度，外操配合中控调节孔板下游节流阀，使对应管路差压变送器指示在正常范围内。

(11)手动调节增压泵过滤减压阀，使压力表指示在正常范围内。

(12)投用高压缸二级密封气：打开金属转子流量计下游节流阀，调整节流阀开度使流量计示数指示在正常范围内。

(13)当压缩机出口压力高于密封气氮气压力后，打开压缩机高压缸出口气至主密封气阀门，关闭氮气至主密封气阀门，将密封气切换为压缩机出口空冷前工艺气。

3.1.4　冷却水系统

(1)确认冷却水压力温度在正常范围内。

(2)利用切换手柄选择一台可正常工作的油冷器，投用该油冷器，如有必要可打开冷却水排气阀进行排气。

3.1.5　润滑油系统

(1)确认润滑油站油箱油位在液位计停机油位位置。

(2)联系电气人员在电控室将润滑油加热器投自动。

(3)对润滑油泵盘车3~5圈，确认泵转动灵活无卡阻。

(4)打开主、辅润滑油泵进、出口阀门，利用切换手柄正确投用油冷器及油滤器，导通润滑油流程。

(5)确认润滑油蓄能器入口阀已打开。

(6)通知电气人员在电控室选择一台泵作为主泵并启动，压缩岗现场调整润滑油压力在正常范围内，通过压缩机、主电机和齿轮箱的回油管线的玻璃视窗确认润滑油循环正常。

(7)打开油过滤器顶部放空手阀，将气体排出，观察视窗有油回流后关闭手阀。

(8)中控人员启动油雾风机。

(9)现场打开高位油箱的充油阀，对高位油箱进行充油，当溢流视窗看到润滑油时，关闭充油阀。

注意：润滑油系统投用前至少10min，必须先投用隔离气，且在正常运行中不可中断。压缩机停车后，隔离气必须在润滑油泵停止供给且回油管路无油流动后至少10min才可关闭。

3.1.6 压缩机盘车

(1)现场将盘车电机挂齿推杆位置推至合的位置。

(2)中控人员在PLC上启动盘车，现场仔细检查机组有无摩擦及异常声音，中控检查轴系系统参数无异常。

(3)盘车后中控人员停止盘车，现场将盘车推杆推至“分”位置。

3.1.7 工艺系统准备

(1)确认所有安全阀投用，手动放空阀关闭，出口放空阀关闭，所有排污阀、导淋阀关闭。

(2)打开加载阀前后手阀，打开防喘阀前后手阀。

(3)打开尾气外输界区阀。

3.2 机组正常开车步骤与操作

(1)中控人员在PLC上打开入口SDV及出口SDV(需现场复位)，打开加载阀对系统进行充压，充压平衡后打开入口MV阀，关闭充压阀。

(2)中控人员在PLC上确认各分离器液位在正常值范围，选择一台凝液泵启动，泵出口压力在正常范围内。

(3)分别打开压缩机壳体所有排污阀对压缩机高、低压缸进行排液，然后关闭。

(4)启动各空冷器，空冷器，温度设定在正常范围内。

(5)打开一、二段防喘振阀门的仪表空气阀门。

(6)进入中控室PLC电脑“压缩机控制”界面，确认一、二段防喘振控制器设置为“自动”模式。

(7)当机组上一次是联锁停机时，进入“联锁停机”界面，点击“本特利复位”和“联锁复位”。

(8)进入“启动检查”界面，点击“确认已盘车”，当列出的所有启动条件满足时，点击“进线开关柜”并点击启动，“允许启动”由红色变为绿色，表示所有条件已具备。点击“启动”按钮，主电机闭锁解除，由变频器控制主电机，机组进入自动启动过程。

(9)机组在80%最低转速内循环运行无异常时，可以进行升负荷操作。将一、二段防喘振阀门设为“半手动”控制，变频器控制设为“UCS 控制”，选择转速调节，并对机组进行升负荷操作。半手动模式下，防喘振控制器输出为自动输出和手动输出二者高选值。

(10)升负荷时观察压缩机三段出口压力，当压力大于密封气源氮气压力时，及时切换主密封气为压缩机出口气(引自空冷器前管路)。

(11)运行平稳后，中控人员将防喘阀控制模式切换为自动运行模式。

(12)工变频操作：与工艺结合，将压缩机转速提至100%转速，在“启动检查”界面点击“切工频”，“变切工完成”显示绿色，说明机组切工频成功进入工频运转模式。点击“切变频”，“工切变完成”显示绿色，说明机组切变频成功进入变频运转模式。

3.3　机组日常巡检内容

(1)检查设备本体、密封及各连接法兰无跑、冒、滴、漏等异常现象。

(2)检查中控室控制界面参数显示正常，无报警提示信息。

(3)检查、记录机组各运行参数，并与以前参数进行对比，分析机组运行趋势。

(4)检查现场各个阀位指示状态正常。

(5)检查现场工艺气、密封气、隔离气、润滑油现场仪表参数与远传站控机参数应一致。

(6)检查空冷器风扇及电机运转正常，无异常声响。

(7)检查机组润滑油箱油位在正常范围内，必要时补充润滑油。

(8)通过润滑油各回油观察视窗检查润滑油流动情况，润滑油供给应充足，检查润滑油过滤器差压合格，当差压达到报警时切换过滤器，更换滤芯。

(9)每月打开机组干气密封排污阀排污一次，防止干气密封中积液。

4　操作要点

(1)打开充油阀给高位油箱充油时应密切监视回油视窗，发现回油视窗有油时立刻关闭充油阀，防止冒罐。

(2)油泵启运前检查就地压力表已投用，确认隔离气已投运且压力正常，防止润滑油进入密封。油泵启动后通过回油视窗观察回油状态。

(3)压缩机内进气前必须首先投用一级密封气，且一级密封气增压泵流程确认导通，防止壳体内杂质进入密封污染密封面。

(4)机组启动前应再次确认盘车系统已退出，并对壳体进行排污。

5　安全注意事项

(1)若机组有漏油需及时处理，轻微泄漏暂时无法处理的需要做好集油措施，清洁地面，防止地面湿滑。

(2)机组运行时，部分工艺设备管道及密封盘站设备管道温度高，注意防烫伤。

(3)现场操作时要保证一人操作一人监护。

(4)机组升负荷时，在保证现场监控的前提下，尽量远离压缩机，待运行稳定后再进行检查。

6　应急事故预防及处置

(1)启机或运行过程中，若清楚听到机内发出异常金属声响，或者机组其它异常噪声，应果断紧急停机。

(2)机组工艺系统及本体发生泄漏且不可控时，应果断泄压停机。

(3)机组启机或者运行过程中发生喘振且不能消除时，应果断紧急停机。

(4)机组任一轴承断油、冒烟或突然升温至高高报警以上时，应果断紧急停机。

拓展知识阅读推荐：

(1)杨丽萍．油气田常用压缩机．石油工业出版社，2012，3.

(2)匡照忠．化工机器与设备．化学工业出版社，2011，2.

项目二　尾气压缩机停机

1　项目简介

由于装置检修、停产检查等因素，接调度指令后需进行停机操作，包括按照操作规程进行压缩机停机前准备、压缩机降负荷、停止压缩机、停机后检查等。

2　操作前准备

(1)穿戴齐劳保用品，主要包括防静电工服、防静电工鞋、安全帽等。

(2)常用工具准备。对讲机1部、防爆活动扳手2把、防爆F扳手2把、作业票1张，巡检记录表1张、防爆听针1根、中性笔1支。

3　操作步骤

3.1　正常停机

(1)根据工艺需求可选：正常停机、保压停机、泄压停机。

(2)正常停机：将压缩机防喘振阀控制模式设为半手动模式，逐渐开大一、二段防喘振阀开度，降低压缩机转速，压缩机转速降至设定转速。HMI点击“正常停机”，机组按照设定速率降速，防喘振阀设定斜率打开，进出口启动阀自动关闭。

(3)保压停机：条件触发或者HMI点击“保压急停”后，停机信号直接发送到变频器，机组无降速斜率，防喘振阀迅速全开，检测到防喘振阀开度大于设定值后，进出口SDV关闭。

(4)机组停机后，增压泵自动启动，通知外操手动停二级密封气。当工艺要求泄压长时间停机时，先停干气密封加热器，再停主密封气。

(5)保持机组润滑油供应30min以上。

(6)机组转速为零后开盘车。

(7)停润滑油泵半小时后，确认机组回油管线无润滑油流动时关干气密封系统隔离气氮气切断手阀。

3.2　手动紧急停机

紧急停机条件：

(1)机组转速升高到超速跳闸转速而未产生速关动作。

(2)机组振动突然增大，振幅达到或超过规定的极限值。

(3)清楚听到机内发出金属声响。

(4)机组任何一只轴承的温度急骤升高，达到规定的极限值。

(5)转子轴位移突然增大超过规定极限值。

(6)油系统着火并且不能很快将火扑灭。

(7)压缩机发生严重喘振而不能消除。

(8)压缩机密封系统发生故障而不能排除。

(9)工艺系统发生事故，要求机组紧急停机。

(10)其他辅助设备突然发生致使机组无法继续运行的故障。

3.3 紧急停机步骤

现场变频器紧急停机操作柱、UCS机柜或中控室压缩机停车控制盘对应按钮可实现保压、泄压紧急停机。

4 操作要点

(1)停机后要确认密封盘站增压泵已正常启动，确保密封气的正向流动。

(2)停机后应及时投入盘车系统。

(3)润滑油泵停止30min后且观察高位油箱液位为0，机组回油视窗无回油，方可停隔离气。

5 安全注意事项

(1)若机组有漏油需及时处理，轻微泄漏暂时无法处理的需要做好集油措施，清洁地面，防止地面湿滑。

(2)现场操作时要保证一人操作一人监护。

6 应急事故预防及处置

(1)压缩机停机后，要继续运转润滑油泵一段时间，保证轴承温度逐渐降低。

(2)机组异常停机后，未找到停机原因并排除故障前不得重新启机，如果壳体已冷却要注意对壳体排污。

拓展知识阅读推荐：

(1)杨丽萍．油气田常用压缩机．石油工业出版社，2012，3.

(2)匡照忠．化工机器与设备．化学工业出版社，2011，2.

思考题

1. 密封气加热器的作用是什么？

答：密封气带液会导致密封面损伤失效，降低密封可靠性。因此一级密封气温度应当高于露点温度20℃以上方可进入干气密封腔体。

2. 润滑油站油过滤器切换操作要点是什么？

答：打开平衡阀向备用过滤器内充油；打开备用过滤器顶部排气阀直到排气口连续有油冒出时，关闭排气阀；转动切换手柄指向备用过滤器；关闭平衡阀。

3. 压缩机停机停润滑油泵后为什么不能立即切断隔离气源？

答：润滑油泵停止后，高位油箱内的油还没有回完，若停油泵后立即关闭隔离气，仍有润滑油进入密封内污染干气密封的风险，可通过回油视窗确认无油流后再关闭隔离气流程。

4. 压缩机加减负荷操作的原则是什么？

答：离心压缩机升负荷遵循先升速再关防喘振阀门的原则，降负荷时先开防喘振阀门再降速。具体操作升负荷时可升一点转速，关一点防喘振阀门的开度，降负荷时开一点防喘振阀门开度，降低一点压缩机转速。

模块五　BOG压缩机启停机

项目一　BOG压缩机启机

1　项目简介

BOG压缩机为立式往复式迷宫压缩机，其涉及的主要工艺流程为：液态乙烷采用了低温微正压储存工艺，采用了双金属全容罐，储存过程中，低温液态乙烷因储罐漏热、储罐压力变化等因素会发生部分汽化而产生闪蒸气(简称BOG)，液态乙烷节流过程和装车过程中也会产生一部分的BOG。将BOG增压后注入乙烷外输管道。

2　操作前准备

(1)穿戴齐劳保用品，主要包括防静电工服、防静电工鞋、安全帽等。

(2)常用工具准备：对讲机1部、防爆活动扳手2把、防爆F扳手2把、作业票1张，巡检记录表1张、防爆听针1根、中性笔1支。

3　操作步骤

3.1　机组正常运行前检查

3.1.1　电气系统

联系电气确认高、低压供电系统和变频器已供电，已达到启机条件。

3.1.2　仪控系统

(1)现场确认仪表风压力在正常范围内，气动阀门正常供风。电动阀置于“远程”位置。

(2)联系仪表人员确认现场所有压力表、压差表、液位计、变送器已正确投用并显示正常。

(3)检查确认PLC界面上机组所有联锁均已投用。

(4)测试卸荷器工作正常。

(5)在现场PLC上把进口阀、出口阀及放空阀均打到“自动”位置。

3.1.3　冷却水系统

(1)打开冷却水界区进出口阀，关闭进出口连通阀，确认冷却水压力、温度正常。

(2)投用冷却水至常温低位罐安全阀，关闭各用水点排污。

(3)打开各级间冷却器、油冷器、气缸冷却水、滑道冷却水进水阀门，通过水流窥镜确认水流动顺畅。

注意：压缩机在冬季停止运转时，应将压缩机整个冷却系统中的冷却水及机组(气、仪表管路及设备)中的冷凝水全部排净，以防冻坏机器及管路。其他季节长期停运亦应如此。

3.1.4　润滑油系统

(1)现场确认压缩机油池油位正常。

(2)当环境温度或油温较低时，应提前开启电加热器，当压缩机正常运行且供油温度达到设定值，关闭加热器。在加热器加热的同时可开启油泵进行油循环，以提高加热速度。

(3)打开两台润滑油泵进、出口阀门，利用切换手柄投用一组油冷器及油滤器。

(4)在PLC界面上选择一台泵作为主油泵，再把控制箱上的对应油泵选择手动，按下启动按钮启动该油泵，检查供油总管与油池吸油管差压大于要求值，备泵投自动。等到“供油总管与吸油管压差”满足条件，再把主油泵旋转到自动方向。

(5)打开注油阀门，为导向轴承预润滑，然后关闭阀门。

3.1.5　工艺系统

(1)打开氮气入口阀，调整减压阀后压力，打开隔室充氮阀和机身充氮阀，连续吹扫后关闭氮气入口阀。

(2)导通乙烷罐顶乙烷气经BOG换热器至压缩机入口流程，DCS界面打开进出口MV，关闭出口MV旁通阀，导通压缩机进出口流程。

(3)导通压缩机至配气区流程。

(4)PLC“压缩机控制”界面上将回流调节阀手动全开，现场全开回流调节阀旁通。

(5)检查各放空系统安全阀已投用，手动放空流程关闭。

(6)机身及隔室至集液罐排液流程导通。

3.2　正常启动

(1)盘车2~5圈，确认运动部件无异响及松动现象。

(2)进入PLC“启动条件”界面看各启机条件满足情况，如果未满足，查看是何原因导致并解决相应问题。

(3)将电气控制柜上的钥匙打在“钥匙开关”位置，确认所有启动条件都满足后，按下控制柜门上的“复位”按钮。

(4)PLC界面上选择本地负荷控制，置于0负荷位置。

(5)转速控制及回流调节阀控制均设置在“手动”位置。

(6)按下控制柜门上的“启动”按钮启动机组。开始启动前先启动压缩机和轴流风机等，之后查看“联锁停机”画面，如果显示“系统正常”会继续启动主变频器，机组进出口SDV自动打开(出口SDV需现场复位)，此时压缩机为空载运行；如果显示“系统不正常”，机组会停机，检查是何种原因导致并解决相应问题，解决完再重新启动。

(7)根据乙烷罐压力调整压缩机转速，控制乙烷罐压力稳定。

(8)PLC面板上打到DCS负荷控制时，可在中控控制负荷。

压缩机运行后保持填料漏气回收阀门处于常开状态，机身充氮阀保持常关状态，隔室排液阀、集液罐放空阀、隔室放空安全阀进、出口阀保持常开状态，机身放空阀保持常关状态。

3.3　压缩机控制

(1)变频器控制打到“手动”位置，可手动给定转速值。打到“自动”位置，可实现乙烷储罐压力自动控制。

(2)回流调节阀控制打到“手动”位置，可手动给定调节阀开度。打到“自动”位置，可实现压缩机一级进气压力自动控制。

(3)油池加热器、空间加热器打到就地控制时，可以在就地低压电气操作柜操作实现启停，打到远程控制时，可以在控制面板上操作实现启停。

(4)轴流风机打到就地控制时，可以在就地低压电气操作柜操作实现启停，打到远程控制时，程序内部联锁实现启停。

(5)压缩机回流阀、压缩机变频器可实现远程/本地控制。当回流阀、变频器切换至远程模式时，DCS控制面板会显示远程模式，这时可以选择手/自动控制，选择手动时可以远程给定阀门开度或变频器转速，选择自动时可以远程设定调节阀及变频器给定值(SP值)。注意在切换就地/远程模式前，核对中控与现场的自动给定值及手动输出值，确保一致后再进行就地/远程模式切换(备注：在就地/远程模式时，如果中控与现场的自动给定值及手动输出值不一致，手动输入确保中控与现场值一致，防止切换时阀门开度及转速跳变)。

3.4 机组运行过程中检查

(1)对各级吸排气压力、温度、油压、油温、水压、水温、电机电流值、电机轴承温度等进行记录，参照机组联锁报警值确认各项运行参数正常。

(2)检查压缩机辅机和管路的振动情况，对振动过大的地方可以用简单的紧固方法消除或者采取减振措施。

(3)定时打开各排液阀门进行排液，观察其排放量以便确定合理的排放间隔时间。

(4)检查压缩机电机的转动声、气阀启闭声、运动机构撞击声等，对异常响声做出及时准确判断，及早发现事故隐患。

4 操作要点

(1)启机前若入口压力过高可通过入口管道手动放空泄压。

(2)加载过程中要根据运行电流缓慢加载。

(3)启机过程中，要注意机油总管与吸油总管压差。

(4)机组吸入管线上游为BOG换热器，若装置停运，BOG换热器内缺少热物流，会导致吸入温度过低，应提前停机。

5 安全注意事项

(1)若机组有漏油需及时处理，轻微泄漏暂时无法处理的需要做好集油措施，清洁地面，防止地面湿滑。

(2)现场操作时要保证一人操作一人监护。

6 应急事故预防及处置

(1)启机过程中，若清楚听到机内发出异常金属声响，应果断紧急停机。

(2)机组工艺系统及本体发生泄漏且不可控时，应果断紧急泄压停机。

拓展知识阅读推荐：

(1)杨丽萍．油气田常用压缩机．石油工业出版社，2012，3.

(2)匡照忠．化工机器与设备．化学工业出版社，2011，2.

项目二 BOG压缩机停机

1 项目简介

BOG压缩机为尾气处理单元设备，为立式往复式迷宫压缩机。

由于装置检修、停产检查等因素，接调度指令后需进行停机操作，包括按照操作规程进行压缩机停机前准备、压缩机降负荷、停止压缩机、停机后检查等。

2 操作前准备

(1)穿戴齐劳保用品，主要包括防静电工服、防静电工鞋、安全帽等。

(2)常用工具准备：对讲机1部、防爆活动扳手2把、防爆F扳手2把、作业票1张，巡检记录表1张、防爆听针1根、中性笔1支。

3 操作步骤

3.1 正常停机

(1)将压缩机负荷调节至“0%负荷”。

(2)按下控制柜门上的“停止”按钮进行正常停机。此时，进出口SDV阀自动关闭，回流调节阀强制为手动同时给100%开度，一段时间后变频器停止工作。

(3)压缩机停止运转后，过一段时间关闭油站润滑油泵。

(4)若长时间停机，应停止冷却水的供给，同时卸掉压缩机内系统压力，对压缩机进行充氮保护。

3.2 紧急停机操作

(1)按下控制柜门上的“急停”按钮进行紧急停机。此时程序强制为0负荷，变频器直接给断电信号停机。

(2)根据工艺需要在DCS界面按下保压停机按钮或泄压停机按钮。

4 操作要点

异常停机时，应在报警界面确认停机原因，排除故障后方可再次启动。

5 安全注意事项

(1)若机组有漏油需及时处理，轻微泄漏暂时无法处理的需要做好集油措施，清洁地面，防止地面湿滑。

(2)现场操作时要保证一人操作一人监护。

6 应急事故预防及处置

BOG压缩机停机会导致上游乙烷储罐超压放空，要立刻汇报调度，通知工艺人员及时处理。

拓展知识阅读推荐：

(1)杨丽萍．油气田常用压缩机．石油工业出版社，2012，3.

(2)匡照忠．化工机器与设备．化学工业出版社，2011，2.

思考题

1. 往复式压缩机处理量调节方式常用的有哪些?

答：往复式压缩机处理量调节方式主要有：转速调节、压开进气阀调节、回流阀调节、余隙容积调节等。

2. BOG压缩机入口前一般设置换热器和分液罐，其作用是什么?

答：入口前设置换热器是为了避免低温气体进入压缩机，造成压缩机损坏；设置分液罐的目的是防止凝液进入压缩机，造成液击，损坏设备。

3. 在升负荷过程中加载过快会有什么后果?

答：升负荷时加载过快，容易导致电流突增，进而导致联锁停机。

4. 为什么要保证供油总管与吸油管之间的压差?

答：保证供油量充足，达到良好的润滑条件。

单元五　天然气处理装置开停机操作

模块一　辅助装置开停机操作

项目一　辅助装置开机操作

1　项目简介

为满足主装置的生产需求，设置辅助装置区，其中包括集配气区、空氮系统、循环水系统、供热系统、罐区、乙烷低温储罐、装卸车系统等。

(1)集气区。取气管线进厂后分别设置紧急截断阀，可分为一路或多路，分别进入对应旋风分离器，分离出气体中游离液和粉尘、杂质，进行计量后分别输送至对应装置区。

(2)配气区。配气区主要是对外输贫天然气、外输乙烷气、液化气和稳定轻烃进行计量外输。

(3)清管区。考虑产品外输管线的完整性管理，预留用于管线检测的清管器发送装置接口和位置。

(4)空氮系统。建设空氮站一座，提供全厂装置开停工、检修吹扫所需非净化空气、仪表用净化空气以及事故保护、开停工置换用氮气。

(5)供热系统。设置低温导热油系统和高温导热油系统。低温导热油系统为脱乙烷塔、液化气塔、脱丙烷塔、乙烷脱碳胺液再生及胺液储罐伴热提供热源，高温导热油系统为装置分子筛再生提供热源。

(6)消防系统。消防服务对象主要为罐区各储罐、装置区、装车设施和辅助生产区等设施，生产和储存主要介质为甲类、火灾危险性为严重危险级的设施。

(7)火炬及放空系统。根据全厂放空气压力和温度差异情况，可分别设置高压常温放空总管、高压低温放空总管、低压放空总管和低低压放空总管，高压常温放空、高压低温放空汇总后进入高压火炬，低压放空进入低压放空火炬，低低压放空进入地面火炬。

放空火炬设火炬头、阻火密封装置、长明灯、自动点火系统。火炬的点火燃烧可由高空电点火、地面爆燃点火两种方式实现。

(8)低温乙烷储罐。为满足项目液态乙烷的储存，设置液化乙烷储罐，采用低温微正压储存工艺。

(9)储运设施。为满足项目液化气、稳定轻烃等产品的储存，设置液化气球罐和稳定轻烃球罐。

(10)装卸车系统。在停止产品外输或检修停产时，项目的液态乙烷、液化气和稳定轻烃采用罐车拉运销售。

2 操作前准备

(1)穿戴齐劳保用品，主要包括工衣、工裤、安全帽、手套。

(2)准备相关操作工具：防爆 F 扳手、报话机。

3 操作步骤

3.1 取还气管线投运

3.1.1 开机前检查

(1)初始状态确认。

①确认现场完好；

②确认装置区无杂物，通道畅通。

(2)工艺流程检查。

①确认设备、管线保温完好；

②确认现场流量计投用；

③确认所有就地温度计处于投运状态。

(3)安全设施检查。

①确认现场压力表完好；

②确认安全阀投用；

③确认消防设施完好；

④确认安全防护用品齐全。

(4)公用工程检查。

①确认空氮站(液氮汽化系统)运行正常；

②确认消防水系统运行正常。

(5)仪表电气系统检查。

①确认所有接地完好；

②确认仪表连校结束；

③确认 UPS 正常；

④确认 DCS 系统具备启动条件；

⑤确认所有仪表设备处于投运状态，电动阀处于完好供电。

(6)分析仪检查。

①确认化验室各分析仪器完好备用；

②确认离线取样设备完好备用。

(7)通信设备检查。

①确认对讲机通信良好；

②确认电话通信良好。

3.1.2 氮气置换

班长和岗位外操确认原料天然气的取气管线和贫天然气的还气管线氮气置换合格(氧含量≤2%)，气密完成且无泄漏。

3.1.3 天然气建压

(1)内外操共同确认取、还气管线氮气剩余压力。

(2)外操按阀门检查确认表确认所有手动放空阀、放散阀处于关闭状态。

(3)外操按阀门检查确认表确认所有低点排凝阀处于关闭状态。

(4)外操按阀门检查确认表确认所有取样阀和置换口的阀门处于关闭状态。

(5)内操汇报队长，由队长汇报调度通知采气厂取还气管线准备引气建压。

(6)内操关闭集气区进站电动阀，外操关闭电动阀的旁通阀。

(7)内操关闭清管区出站电动阀，外操关闭电动阀的旁通阀。

(8)内操通过与调度沟通，确认上下游单位已打开取气主阀门和还气主阀门的旁通阀。

(9)内操确认管线压力上升速率小于0.1MPa/min，压力每升高0.5MPa停止升压，外操检查漏点并按照实际情况处理漏点后继续升压，总升压速率1.0MPa/h，达到正常运行压力后充压完成。

3.1.4 取还气管线投运

(1)内外操共同确认取还气管线充压完成，压力符合运行要求。

(2)内操缓慢打开越站旁通阀与还气管线连通阀。

(3)内操缓慢打开取气管线越站旁通阀，导通取气、还气管线，使取气和还气形成流动。

(4)内操与调度沟通确认上下游单位已打开取气主阀门和还气主阀门，关闭其旁通阀。

(5)内操确认取气和还气已经形成循环流动状态。

(6)内操记录取气管线进站压力、温度和还气管线出站压力、温度，如符合设计参数要求则投运正常。

3.2 配气及清管区投运

3.2.1 开机前检查

(1)初始状态确认。

①确认现场完好；

②确认装置区无杂物，通道畅通。

(2)工艺流程检查。

①确认设备、管线保温、保冷完好；

②确认现场流量计投用；

③确认所有就地温度计处于投运状态。

(3)安全设施检查。

①确认现场压力表；

②确认安全阀投用；

③确认消防设施完好；

④确认安全防护用品齐全。

(4)公用工程检查。

①确认空氮站(液氮汽化系统)运行正常；

②确认除盐水装置运行正常；

③确认循环水场运行正常；

④确认高低温导热油系统、热水系统及蒸汽系统运行正常；

⑤确认消防水系统运行正常。

(5)仪表电气系统检查。

①确认所有接地完好；
②确认仪表联校结束；
③确认 UPS 正常；
④确认 DCS 系统具备启动条件；
⑤确认所有仪表设备处于投运状态，电动阀处于完好供电。
(6)分析仪检查。
①确认化验室各分析仪器完好备用；
②确认离线取样设备完好备用。
(7)通信设备检查。
①确认对讲机通信良好；
②确认电话通信良好。
(8)主体装置检查。
①装置及其附属设施完好备用。
a. 确认装置区内循环水系统运行正常；
b. 确认装置区内仪表风、氮气系统运行正常；
c. 确认压力表、安全阀良好。
②机泵及附属设施检查。
a. 确认机泵的同心度合格；
b. 确认手动盘车轻松无碰撞；
c. 确认油箱内加入合适的润滑油；
d. 确认附属设施完好。
③检查各种显示仪表完好。
a. 确认装置区各阀门通信正常、动作正常；
b. 确认主控室各在线仪表完好；
c. 确认各现场显示仪表与主控室显示仪表显示一致。
④检查流程及各个阀门的开关状态。
a. 确认开工的流程正确；
b. 确认各个阀门的开关状态正确。
⑤检查各工艺管线畅通，各个盲板拆除或导通。
a. 确认各路工艺管线畅通，状态正确；
b. 确认各盲板已拆除；
c. 检查各个工艺管线连接完好；
d. 确认各个工艺管线连接状态正确。

3.2.2　氮气置换及气密

外操确认配气区及清管区氮气置换合格(氧含量≤2%)，气密完成且无泄漏。

3.2.3　还气管线建压

(1)外操确认配气区及清管区氮气置换已合格。
(2)内外操共同确认配气区及清管区氮气剩余压力。
(3)内外操共同确认配气区及清管区所有仪表设备处于投运状态，电动阀处于完好供电。

(4)外操确认所有就地压力表、温度计、液位计处于投运状态。

(5)外操确认所有手动放空阀、放散阀处于关闭状态。

(6)外操确认所有低点排凝阀处于关闭状态。

(7)外操确认所有取样阀和置换口的阀门处于关闭状态。

(8)内操关闭贫气增压装置出口阀门。

(9)内操打开清管区还气管路出站紧急切断阀阀门。

(10)外操打开清管区还气管路出站电动阀的旁通阀，并控制截止阀的开度给清管区和配气区充压。

(11)内操观测装置内压力远传值，外操观察就地压力表，控制装置内升压速率不大于0.1MPa/min，压力每升高0.5MPa停止升压，外操检查漏点并按照实际情况处理漏点后继续升压，总升压速率1.0MPa/h，直到压力达到运行压力后完成充压。

3.2.4　乙烷外输管线建压

(1)外操确认乙烷外输管线电动阀及旁通阀处于关闭状态。

(2)内操确认下游单位进站阀室入口气动阀处于打开状态。

(3)巡线人员确认下游单位进站阀室入口气动阀后球阀处于关闭状态。

(4)内操汇报调度，由调度通知主装置开启乙烷脱水撬至外输管线流程向外输管线充压。

(5)外操通过乙烷外输管线电动阀旁通阀向乙烷外输管线缓慢充压。

(6)内操观测外输管线压力远传值，外操观察就地压力表，控制装置内升压速率不大于0.1MPa/min，压力每升高0.5MPa停止升压，外操检查漏点并按照实际情况处理漏点后继续升压，总升压速率1.0MPa/h，直到压力达到运行压力后完成充压。

3.2.5　还气管线投运

(1)内操打开清管区还气管路出站紧急切断阀阀门。

(2)内操打开清管区还气管路出站电动阀，完成投运。

3.2.6　乙烷外输管线投运

(1)内操关闭乙烷外输管线压力调节阀，打开乙烷外输管线电动阀。

(2)外操关闭乙烷外输管线电动阀的旁通阀。

(3)通过乙烷外输管线压力调节阀开度调整外输管线压力，完成投运。

3.3　燃料气系统投运

3.3.1　开机前检查

(1)初始状态确认。

①确认现场完好；

②确认装置区无杂物，通道畅通。

(2)工艺流程检查。

①确认设备、管线保温、保冷完好；

②确认现场流量计投用；

③确认所有就地温度计处于投运状态。

(3)安全设施检查。

①确认现场压力表完好；

②确认安全阀投用；
③确认消防设施完好；
④确认安全防护用品齐全。
(4)公用工程检查。
①确认空氮站(液氮汽化系统)运行正常；
②确认除盐水装置运行正常；
③确认循环水场运行正常；
④确认消防水系统运行正常。
(5)仪表电气系统检查。
①确认所有接地完好；
②确认仪表联校结束；
③确认 UPS 正常；
④确认 DCS 系统具备启动条件；
⑤确认所有仪表设备处于投运状态，电动阀处于完好供电。
(6)分析仪检查。
①确认化验室各分析仪器完好备用；
②确认离线取样设备完好备用。
(7)通信设备检查。
①确认对讲机通信良好；
②确认电话通信良好。
(8)主体装置检查。
①装置及其附属设施完好备用。
a. 确认装置区内循环水系统运行正常；
b. 确认装置区内仪表风、氮气系统运行正常；
c. 确认压力表、安全阀良好。
②检查各种显示仪表完好。
a. 确认装置区各阀门通信正常、动作正常；
b. 确认主控室各在线仪表完好；
c. 确认各现场显示仪表与主控室显示仪表显示一致。
③检查各个工艺管线连接完好
外操确认各个工艺管线连接状态正确。
④检查流程及各个阀门的开关状态。
a. 确认开工的流程正确；
b. 确认各个阀门的开关状态正确。
⑤检查各工艺管线畅通，各个盲板拆除或导通。
a. 确认各路工艺管线畅通，状态正确；
b. 确认各盲板已拆除。

3.3.2　氮气置换及气密

外操确认燃料气系统氮气置换合格(氧含量≤2%)，气密完成且无泄漏。

3.3.3　燃料气管线建压

(1)内外操共同确认燃料气系统氮气剩余压力。

(2)外操按阀门检查确认表确认所有安全阀的根部阀全开，出口阀全开，放散阀关闭，铅封完好。

(3)外操按阀门检查确认表确认所有手动放空阀、放散阀处于关闭状态。

(4)外操按阀门检查确认表确认所有低点排凝阀、汇管检修排污阀处于关闭状态。

(5)外操按阀门检查确认表确认所有取样阀和置换口的阀门处于关闭状态。

(6)外操关闭燃料气系统自配气区来燃料气正常供应阀门。

(7)外操关闭中压汇管自 BOG 装置来气阀门，关闭低压汇管自液烃分离液化气塔来不凝气阀门。

(8)外操关闭全厂燃料气总管至各用气点的阀门(关闭低温导热油炉、高温导热油炉、放空分液及火炬区、稳定轻烃球罐、食堂燃料气下游的供气阀门)。

(9)外操打开高压汇管至中压汇管调压计量管路上所有手阀，内操将压力调节阀开度控制在 2% 且置于手动状态。

(10)外操打开中压汇管至低压汇管调压计量管路上所有阀门，内操将压力调节阀开度控制在 2% 且置于手动状态。

(11)外操打开低压汇管至全厂燃料气总管的计量管路上所有阀门。

(12)首先给整个燃料气系统充压至低压燃料气系统压力，外操打开自集气区来开工燃料气管路上第二道截止阀门，开度 10%，再缓慢打开第一道手动球阀，给燃料气系统送气，监测燃料气系统的远传压力检测值和就地压力表值，使其升压速率控制不大于 0.1MPa/min，压力升至低压燃料气系统压力后停止升压，外操检查系统漏点并按照实际情况处理漏点后，则完成了对低压燃料气系统的充压。

(13)给燃料气中压系统充压至运行压力，内操关闭中压汇管至低压汇管调压计量管路上游电动阀门和超压截断阀。

(14)内操监测中压汇管压力检测值，外操监测就地压力表，使其升压速率控制不大于 0.1MPa/min，压力每升高 0.5MPa 停止升压，外操检查漏点并按照实际情况处理漏点后，总升压速率 1.0MPa/h，待压力达到中压燃料气系统压力且无泄漏则完成了对中压燃料气系统的充压。

(15)给燃料气高压系统充压至运行压力，内操关闭高压汇管给中压汇管供气的电动阀门和其下游的超压截断阀。

(16)高压汇管开始升压，监测升压速率不大于 0.1MPa/min，压力每升高 0.5MPa 停止升压，外操检查漏点并按照实际情况处理漏点后继续升压，总升压速率 1.0MPa/h，待压力达到高压燃料气系统压力且无泄漏，则高压汇管充压结束。

(17)外操关闭自集气区开工燃料气管路阀门。

3.3.4　燃料气系统投运

(1)内外操共同确认燃料气系统高、中、低充压完成，压力符合运行要求。

(2)外操打开自集气区来开工燃料气管路上的阀门，给燃料气系统供气。

(3)内操将高压汇管至中压汇管的压力调节阀投为自动，通过调节阀控制中压燃料气系统压力。

(4)内操中压汇管至低压汇管的压力调节阀投为自动，通过调节阀控制低压燃料气系统压力。

(5)内操将至下游单位燃料气管线流量调节阀投自动。

(6)内外操共同确认运行参数正常，燃料气系统正常投运。

3.4 循环水系统投运

循环水采用密闭式循环水系统，向工艺装置区水冷器、压缩机电机及变频器、空氮站空压机、供热系统热媒循环泵和蒸汽冷凝器等提供循环冷却水，以达到对换热介质进行降温的目的。

3.4.1 开机前检查

(1)确认所有设施安装到位并通过验收，完成设备调试。

(2)确认电源可靠并处于送电状态，电气仪表检查调校完毕。

(3)全面检查确认管线、阀门、附件及机泵等设备处于待用状态。

(4)检查确认所需化学药品齐全足量。

(5)确认向消防水罐补水，达到控制最高液位，确认界区外有合格的新鲜水供给，保证用水量。

(6)确认各项生产记录和必要工具已备好。

(7)确认安全防护用品已备齐，确认各项设施符合安全生产的要求。

3.4.2 水洗、清洗

确认循环水系统已完成水洗、清洗。

3.4.3 循环水系统的投运

(1)外操导通消防水罐至除盐水装置流程，检查确认除盐水药箱药品充足，将除盐水装置调到自动，启动除盐水装置制备除盐水，直至除盐水罐液位达到正常运行液位。

(2)外操导通除盐水系统至循环水系统补水流程，导通并确认除盐水系统流程，并开启各高点排气阀，启动补水泵对循环水系统进行补水，各排气点出水后关闭排气阀，直至最高点排气阀出水关闭，完成系统补水，停运除盐水补水泵。

(3)投运闭式冷却塔。外操确认冷却塔流程已导通，通过补水阀将新鲜水充满冷水盘至溢流水位，确认补水阀浮球水位到达溢流水位时自动关闭，启动喷淋水泵及风机。

(4)投运循环水泵。外操确认膜式气压罐的压力在正常范围之内，启泵前进行排气至出水为止，启动循环水泵。

(5)内外操相互配合，根据循环水温度和环境温度可适当调整闭式冷却塔的运行数量。

(6)投运完毕后，内外操对系统管路、设备、仪表、电气及运行参数进行检查，做好记录。

3.5 供热系统投运

供热系统包括低温导热油系统和高温导热油系统。高低温导热油系统在工艺装置投产前应调试合格并在设备调试后处于投运状态。

3.5.1 开机前检查

(1)高低温热油循环泵、注油泵完成单机调试。

(2)自动控制系统、仪表完成安装调试。

(3)检查确认高低温导热油系统所有盲板已导通，系统已吹扫、试压合格。

(4)检查确认高低温导热油系统气密性试验和氮气置换合格。

(5)检查所有高温管线完成保温工作。

(6)已完成高低温导热油的充装前检测。

(7)高低温导热油炉及其附件安装完成。

(8)高低温导热油用户已具备试运条件。

3.5.2　高低温导热油充装

(1)外操确认高低温导热油系统阀门的开关状态。

(2)外操将油桶连接到导热油加注装置，并启动注油泵进行导热油加注。按照高低温导热油系统联动试运方案对高低温导热油系统进行充装。

(3)高低温导热油充装过程中，外操打开膨胀罐上部排气阀和高低温导热油汇管高点排气阀门进行排气，排气完毕后关闭排气阀门。

3.5.3　高低温导热油炉检验

按照厂家提供的高低温导热油炉检验方案对高低温导热油炉炉管进行增压，由质检部门进行检验，检验合格后，进行下一步操作。

3.5.4　高低温导热油系统冷循环

按照高低温导热油系统联动试运方案对高低温导热油系统进行冷循环。

(1)外操控制柜上启动高低温导热油循环泵，中控室进行确认。

(2)外操在系统管道高点排气甩头下引软管对管道进行排气直至有稳定液流流出后关闭排气阀。

(3)系统缺油指示灯亮时外操停循环泵，按注油操作对系统进行充装。

(4)高低温导热油冷油循环过程中，外操打开膨胀罐上部排气阀和高低温导热油汇管高点排气阀门进行排气，直至所有排气点排气完成。

(5)初次运行应采用较细的过滤器，并及时对过滤器进行清理。

3.5.5　高低温导热油炉调试

厂家按照高低温导热油炉调试手册进行调试。

3.5.6　高低温导热油系统热态调试

按照高低温导热油系统联动试运方案和厂家提供的高低温导热油热态调试方案对高低温导热油系统进行热态调试。

(1)外操打开氮气调节阀组至导热油炉氮气控制阀门，投运氮气灭火系统。

(2)外操在控制柜上启运燃烧器，并按照高低温导热油温升曲线逐步对系统进行升温。

(3)高低温导热油温度达到100℃后保持恒温。

(4)外操通过高低温导热油膨胀罐对系统内水蒸气进行排放。

(5)当导热油循环泵出口压力稳定后，继续对系统升温至设计温度。

(6)升温过程中对管道系统进行检查，外操及时对渗漏的地方进行热紧。

注意事项：

(1)在脱水、脱气和脱低沸点物时，随着高低导热油膨胀，膨胀槽液位上升，当导热油温度高于90℃时，可能会出现导热油溢流回储油罐，属正常现象，人员应远离储油罐，以免烫伤。

（2）溢流回储油罐的导热油没有完全进行脱低沸点物流程，待主体导热油脱完低沸点物后，需要将导热油降温至140～150℃，此过程要反复提升注油泵，确保将储油罐内导热油全部注入膨胀槽内，再次进行脱低沸点物。脱低沸点物流程应反复操作，直至整个系统（包括储油罐）中的导热油中的低沸点物全部排净为止。

（3）在脱水和脱低沸点物时，不能投运氮封系统。

（4）为了防止爆喷，应在膨胀罐放空管上加软管引到地面，并设置废气液回收容器，将排气口插入回收容器中，使脱出水及低沸点物泄放在回收容器中。

（5）保持膨胀罐液位不低于总液位的1/3，一旦发现热媒内有水，就应关闭加热炉，退回到启动脱水干燥阶段运行，把热媒中的水脱除。

（6）热态调试过程中发现过滤器前后压差高报警，需要停炉、停泵，对过滤器滤芯进行清洗。

3.5.7　高低温导热油系统投运

（1）导热油升温达到设计温度后，外操关闭膨胀罐排气阀、关闭低温膨胀罐底部控制阀，打开低温集油汇管至低温热媒循环泵连通阀。打开氮气调节阀组至储罐氮气控制阀门，投运膨胀罐、储罐氮封系统。

（2）系统进入正常运行状态，按照需要全开各用热设备导热油进出口阀门，投运用热设备。

（3）外操检查各法兰连接，对松动螺栓进行“热紧”。

（4）系统运行正常后，外操关闭导热油伴热控制阀。冬季运行期间，根据需要打开控制阀，投运各点导热油伴热。

待主工艺预处理装置、液烃回收装置、液烃分离装置、乙烷脱碳装置和乙烷脱水装置建立负荷时，按照厂家指导对高低温导热油系统进行满负荷测试。

3.5.8　采暖系统投运操作规程

（1）外操导通油水换热器循环水流程。

（2）外操根据采暖热水循环泵操作规程启动采暖热水循环泵。

（3）外操打开水温调节阀前后截止阀，关闭旁通阀。内操根据水温调节开度。循环水经过油水换热后换热，用于工艺加热和建筑物采暖，循环使用。系统补的水为经过处理的软化水，由补水定压装置自动完成。

3.6　蒸汽系统投运

3.6.1　开机前检查

（1）完成系统的工艺、电气、仪表等安装工程并进行全面检查，要求工艺流程畅通，所有阀门处于正确的开关状态。

（2）水、电及仪表风引入装置并运转正常。

（3）操作人员培训合格并取得上岗操作证。

（4）各电气设备已投用。

（5）确认安全防护措施完好。

（6）确认药剂配备齐全。

3.6.2　启用软水系统

（1）外操启用软水系统并进行水质分析，按《工业锅炉水质》（GB/T 1576—2008）的标准要求调试至合格后，引入软水罐中。

(2)待软水罐达到规定液位后，外操启动泵蒸汽发生器供给软水。

3.6.3　暖管送气

(1)暖管准备：外操将疏水阀旁通关闭。疏水阀前后切断阀及现场所有蒸汽甩头打开。通知用气单元做好暖管准备。

(2)暖管注意事项：暖管时如发生振动或水击，应停止暖管，加强疏水和排水，待振动或水击消除后，再缓慢开启出口阀，继续暖管。暖管应缓慢升温，速度为 2～3℃/min。

(3)供气，暖管完毕后，外操缓慢开启蒸汽总管出口阀，向工艺装置供气。

3.7　储运系统投运

3.7.1　开机前检查

(1)初始状态确认。

①确认现场完好；

②确认装置区无杂物，通道畅通。

(2)工艺流程检查。

①确认设备、管线保温、保冷完好；

②确认现场流量计投用；

③确认所有就地温度计处于投运状态。

(3)安全设施检查。

①确认现场压力表完好，检验标签完好；

②确认安全阀投用，安全阀进出口阀铅封完好；

③确认消防设施完好；

④确认安全防护用品齐全。

(4)公用工程检查。

①确认空氮站运行正常；

②确认循环水场运行正常；

③确认热水系统运行正常；

④确认消防水系统运行正常。

(5)仪表电气系统检查。

①确认所有接地完好；

②确认仪表联校结束；

③确认 UPS 正常；

④确认 DCS 系统具备启动条件；

⑤确认所有仪表设备处于投运状态，电动阀处于完好供电。

(6)分析仪检查。

确认现场各密闭取样器完好备用。

(7)通信设备检查。

①确认对讲机通信良好；

②确认电话通信良好。

(8)主体装置检查。

①装置及其附属设施完好备用。

a. 确认装置区内仪表风、氮气系统运行正常;

b. 确认压力表、安全阀良好。

②机泵及附属设施检查。

a. 确认机泵的同心度合格;

b. 确认手动盘车轻松无碰撞;

c. 确认油箱内加入合适的润滑油;

d. 确认附属设施完好。

③检查各种显示仪表完好。

a. 确认装置区各阀门通信正常、动作正常;

b. 确认主控室各在线仪表完好;

c. 确认各现场显示仪表与主控室显示仪表显示一致。

④检查流程及各个阀门的开关状态。

a. 确认开工的流程正确;

b. 确认各个阀门的开关状态正确。

⑤检查各工艺管线畅通,各个盲板拆除或导通。

a. 确认各路工艺管线畅通,状态正确;

b. 确认各盲板已拆除。

⑥检查各个工艺管线连接完好。

确认各个工艺管线连接状态正确,现场无跑冒滴漏。

3.7.2 氮气置换及严密性试验

(1)液化气球罐。

外操确认液化气球罐严密性试验完成且无泄漏,氮气置换合格(氧含量≤2%)。

(2)稳定轻烃球罐。

外操确认稳定轻烃球罐严密性试验完成且无泄漏,氮气置换合格(氧含量≤2%)。

3.7.3 投料试运

(1)液化气球罐。

①外操打开液化气球罐的定压调节阀上下游手阀,内操将压力调节阀投入自动状态;

②内操打开液化气进罐总阀、球罐进口阀门,外操打开上下游手阀,开始给液化气球罐进料;

③内操打开液化气球罐水封流程,外操打开上下游手阀,投用液化气球罐水封流程;

④内外操观察球罐内压力远传值和就地压力表一致。进料过程中,外操检查漏点,若有,按照实际情况处理漏点后继续进料,当液位达到设定上限时停止进料;

⑤内操打开球罐气相平衡线管路,外操打开上游手阀,根据生产需求,按照装车操作规程进行液化气装车作业。

(2)稳定轻烃球罐。

①内操打开球罐补气管路,外操打开上游手阀,内操将定压补气阀投入自动状态,外操打开其上下游手阀;

②外操打开定压放空阀上下游手阀，内操将定压放空阀投入自动状态；

③内操打开稳定轻烃进罐总阀、进口阀门，外操打开上下游手阀，开始给稳定轻烃球罐进料；

④内操打开两台稳定轻烃球罐水封流程，外操打开后手阀，投用稳定轻烃球罐水封流程；

⑤内外操观察球罐内压力远传值和就地压力表一致。进料过程中，外操检查漏点，若有，按照实际情况处理漏点后继续进料，当液位达到设定上限时停止进料；

⑥内操打开球罐气相平衡线管路，外操打开上游手阀，根据生产需求，按照装车操作规程进行稳定轻烃装车作业。

3.8　乙烷低温储罐投运

3.8.1　开机前检查

(1)初始状态确认。

①确认现场完好；

②确认装置区无杂物，通道畅通。

(2)工艺流程检查。

①确认设备、管线保温、保冷完好；

②确认现场流量计投用；

③确认所有就地温度计处于投运状态。

(3)安全设施检查。

①确认现场压力表完好；

②确认安全阀投用；

③确认消防设施完好；

④确认安全防护用品齐全。

(4)公用工程检查。

①确认空氮站(液氮汽化系统)运行正常；

②确认消防水系统运行正常。

(5)仪表电气系统检查。

①确认所有接地完好；

②确认仪表联校结束；

③确认 UPS 正常；

④确认 DCS 系统具备启动条件；

⑤确认所有仪表设备处于投运状态，电动阀处于完好供电。

(6)分析仪检查。

确认化验室各分析仪器完好备用

(7)通信设备检查。

①确认对讲机通信良好；

②确认电话通信良好。

3.8.2　氮气置换及严密性试验

外操确认乙烷低温储罐氮气置换合格，严密性试验完成且无泄漏。

3.8.3　投料试运

(1)确认乙烷储罐氮气置换干燥完成。

(2)确认乙烷储罐预冷完成。

(3)管道预冷。

①内外操监控配合，控制预冷管道冷却速率不大于10℃/h；

②当温度达到-40℃时，外操进行管道冷紧；

③当温度低于-88℃时，外操进行管道二次冷紧，预冷结束，可正常进料。

(4)预冷过程检查。

①外操检查低温材料有没有低温开裂现象；

②外操检查低温管道焊接部位无裂纹，特别是法兰焊接部位；

③外操检查管道冷缩量和管托支撑变化；

④外操检查低温阀门的密封性和灵活性，阀门未被冻住；

⑤外操检查法兰连接部位无泄漏，螺栓未因冷缩而使预紧力减小；

⑥外操对补偿器及管道弯头的变形量进行观测记录；

⑦内操做好储罐预冷时底板、环隙、内罐底部、吊顶和罐壁的温度记录。

3.8.4　储罐进料

低温乙烷液体经调节阀由高压变为低压后进入乙烷储罐，进罐分为上进料和下进料，首次进料为上进料。当液位达到1m时，采用上下同时进料，内操密切关注温度梯度，确保相邻测温点温差在允许范围之内。

3.8.5　乙烷装车泵投运

自乙烷装车泵来的液态乙烷，自罐顶出来后输送至乙烷装车撬装车外销，可通过管内温度梯度人为开启。

(1)当储罐液位达到一定液位后，内操通知外操按照操作规程启动装车泵。

(2)最小回流量调节阀设定好最小流量，投自动。

(3)开启乙烷装车泵出口阀，外操缓慢开启出口手动阀门，对乙烷装车泵出口至装车撬管线进行预冷，降温速率≤10℃/h。

(4)设定乙烷回流冷却线流量调节阀为正常范围，投自动。

(5)中控通过调节乙烷装车泵频率逐步提高出口压力至正常范围。

(6)当液态乙烷较长时间停止装车时，装车管路需要冷循环以保证管路处于低温状态，自装车区来的液态乙烷汇入液体乙烷进料管路。

3.9　装卸车系统投运

3.9.1　开机前检查

(1)初始状态确认。

①确认现场完好；

②确认装置区无杂物，通道畅通。

(2)工艺流程检查。

①确认设备、管线保温、保冷完好；

②确认现场流量计投用；

③确认所有就地温度计处于投运状态；

④确认装车储罐液位在正常范围；

⑤确认装卸车泵完好，按照操作规程启泵。

(3)安全设施检查。

①确认现场压力表完好；

②确认安全阀投用；

③确认消防设施完好；

④确认安全防护用品齐全。

(4)公用工程检查。

①确认空氮站运行正常；

②确认消防水系统运行正常。

(5)仪表电气系统检查

①确认所有接地完好；

②确认仪表联校结束；

③确认 UPS 正常；

④确认 DCS 系统具备启动条件；

⑤确认所有仪表设备处于投运状态，电动阀处于完好供电。

(6)分析仪检查。

①确认化验室各分析仪器完好备用；

②确认离线取样设备完好备用。

(7)通信设备检查。

①确认对讲机通信良好；

②确认电话通信良好。

3.9.2　氮气置换及严密性试验

外操确认装车系统氮气置换合格(氧含量≤2%)，严密性试验完成且无泄漏。

3.9.3　投料试运

(1)槽车驶入厂门口停车区并接受门卫的入厂检查。

(2)槽车驶入厂内待装区进行充装前安全检查，安检合格后，由押运员制单、办卡。

(3)槽车驶入地磅系统称重并对订单具体信息进行验证确认。

(4)操作员制单并签发装车 IC 卡。押运员携带相关记录表、IC 卡返回槽车处。

(5)槽车驶入指定装车位，停靠后熄火、拉起手刹、拔钥匙，安装好固定车墩(三角枕木)，安放警示标识。

(6)驾驶员将卡片、槽车钥匙交由充装岗人员进行操作与管理，释放静电，连接静电接地夹。

(7)充装岗人员对槽车进行核查，审核记录填写完整。

(8)按照操作规程开展槽车装卸车。

①乙烷充装操作步骤简述：

连接气、液相臂；

装车臂氮气验漏、吹扫置换，导通流程；

充装岗人员刷卡，核对单据，确定充装量；

按批控器启动键，检查确认操作，开始充装；

充装结束，气、液相臂吹扫；

检查拆臂，装车臂归位；

断开接地系统；

填写充装记录(按要求实时填写)；

交还 IC 卡、钥匙，槽车离场过磅。

②液化气、稳定轻烃及污油装车操作步骤简述：

连接气、液相臂，导通流程；

充装岗人员刷卡，核对单据，确定充装量；

按批控器启动键，检查确认操作，开始充装；

充装结束，液相臂吹扫；

检查拆臂，装车臂归位；

填写充装记录(按要求实时填写)；

交还 IC 卡及槽车钥匙，槽车离场过磅。

(9)槽车驶入地磅系统再次进行称重并结算。

操作员检查槽车压力、液位及槽车状态，确认正常后，指挥槽车再次过磅。

押运员前往控制室结算，交还装车卡片与充装记录。操作员完成对应称重车辆信息审核，打印地磅单交付押运员。

(10)槽车驶离装车区。

槽车司机驾车驶离装车区，门卫审核相应单据，放行。

4　操作要点

(1)置换前确定氮气置换合格，并详细检查流程，倒通盲板。

(2)置换过程中，应严格控制天然气流速，使天然气流速 $<5m/s$。

(3)置换后，由检测人员对装置区设备及管线内介质进行检测，当 CH_4 含量≥80%，连续检测 3 次，甲烷含量有增无减，则天然气置换为合格。

(4)验漏过程中，仔细检查流程，防止中控室操作不当造成原料气窜压。

(5)严密性验漏要全面检查所有的人孔、法兰、阀门盘根，用肥皂水验漏，以无泄漏为合格。

(6)检查出来的漏点，必须做好记录，先泄压再整改，严禁带压紧固螺栓。

(7)严密性验漏以天然气为介质，试漏压力不应超过设备和管线的工作压力。

5　安全注意事项

(1)装置开工前必须进行启动前的安全检查，启动前安全检查是装置、设备、设施投运前的一个先决条件。

①所属各生产单位应根据管理权限及生产实际，成立相应的启动前安全检查小组，按照事先编制好的检查清单进行启动前安全检查。

②启动前的装置、设备、设施应具备以下条件：

——符合设计规范、规格和安装标准；

——所有保证工艺设备安全运行的操作规程或作业指导书、操作卡、应急预案等准备就绪。

——操作与维护工艺设备的人员得到针对性的培训，并考核合格；
——所有工艺危害分析提出的改进建议得到落实和合理解决；
——所有工艺、设备安全管理的相关要求已得到满足。

③为确保启动前安全检查的质量，提前组建启动前安全检查小组。启动前安全检查小组成员可由工艺技术、设备、检维修、电气仪表、主要操作和安全环保专业人员组成。必要时可包括承包商、具有特定知识和经验的外部专家等。

④启动前安全检查组长应召集所有组员召开启动前安全检查计划会议。主要内容包括：
——介绍整个项目(施工)概况；
——审查并完善启动前安全检查清单内容；
——明确组员任务分工；
——明确进度计划；
——确认其他相关方的资源支持。

⑤编制天然气处理装置启动前安全检查清单。

⑥启动前安全检查分为文件审查和现场检查。启动前安全检查组员应根据任务分工，依据检查清单进行检查并形成书面记录。

⑦完成启动前安全检查清单的所有项目后，各组员汇报检查过程中发现的问题，审议并将其分类为必改项、待改项，形成启动前安全检查综合报告，确认启动前或启动后应完成的整改项目、整改时间和责任人。

⑧所有必改项整改完成后，启动前安全检查组长将检查报告移交给单位主管领导。根据项目(施工)管理权限，由相应责任人审查并批准启动。项目(施工)启动后，启动前安全检查组长和单位主管领导应跟踪启动前安全检查待改项，检查其整改结果。

⑨文件整理：对于涉及变更的整改项，应将相关图纸、设计文件等进行更新并归档。待改项整改完成后，形成书面记录，与启动前安全检查清单、综合报告一并归档。

(2)置换前，装置区消防器材必须配备到位。

(3)置换时排放原则尽最大可能将天然气赶至火炬放空燃烧减少外排量，打开甩头排放时最远端为第一排放点。

(4)置换过程中，全厂禁火，严禁任何人员携带火种进入装置区。

(5)置换过程中应使用防爆工具，不得敲击管线和设备。

(6)置换过程中数据检测时要注意安全，站在上风侧。

(7)充压过程，无关人员不得进入装置区。

6 突发事件应急处理

6.1 火灾爆炸

(1)最早发现火情的人立即打电话向消防队报告火警，同时向调度室报告火灾地点并组织现场人员进行扑救。

(2)火灾发生后，根据现场情况，启动相应应急响应程序，按照《事故应急预案》开展应急抢险。

(3)立即撤离作业现场所有人员至紧急集合点，迅速组成应急小组，并对应急小组进行分工。

(4)安排抢险人员佩戴空气呼吸器进入现场对着火区域进行搜救，搜救到受伤人员立即运送到指定的救治区域进行救治，并在火灾有效安全区域安排人员进行警戒，阻止无关人员进入火灾区域。

(5)安排人员观测火灾区域的风向，以及对火灾区域进行气体检测，定时向总指挥进行汇报，提供信息帮助指挥人员划定警戒区域和指挥应急人员。

(6)安排专人在厂区交通节点处待命，引导外部救援人员和车辆进入火灾区域。消防车辆到位后对火灾区域进行灭火。

(7)险情得到有效控制后，宣布解除应急状态，调查原因、分析总结。

6.2　天然气泄漏

(1)天然气泄漏事件发生后，如出现火情，立即通知应急抢险领导小组启动火灾应急响应程序，开展应急抢险。如未出现火情，应急抢险领导小组接到险情汇报后，由领导小组组长下令启动天然气泄漏事故应急方案。

(2)根据事故状态，各抢险队伍、消防队赶赴事故现场进行抢险，成立现场应急抢险中心，并根据风向确定现场应急指挥中心位置。

(3)应急抢险总指挥负责事故现场应急所需的个体防护用具、应急设备、物资、车辆等的支援和调配，同时拨打火警电话联系消防队进行戒备。

(4)事故现场相关监测人员用气体检测仪由远及近，逐步进行气体浓度检测，确定临时警戒区，进行警戒巡护，禁止无关人员进入事故现场。

(5)抢险人员佩戴好防护用具，切断气源，并组合放空。切断装置区域内火源、电源，并落实装置区相关界区阀关闭情况。

(6)现场应急抢险总指挥向上级部门、当地政府部门及其他厂外应急机构通报事故情况，请求紧急援助，在必要的时候提出周边公众紧急疏散的建议，并根据指示通知附近地区的单位及群众紧急疏散。

(7)与外部医疗机构联系，请求医疗援助，如有受伤人员立即进行紧急救治和转移。

6.3　物体打击

(1)当发现生产区域内有人受到物体打击伤害时，第一发现人马上呼喊区域内其他作业人员参与急救。

(2)将受伤人员抬至安全区域进行救援，并对事故现场进行勘查，相关情况向应急领导小组汇报。

(3)对事故现场确定临时警戒区，设置隔离带，进行警戒巡护，禁止无关人员进入事故现场。

(4)现场救治：当人员伤势较轻时，迅速移至安全处进行包扎、止血。若伤势严重，应尽量让伤者平躺勿动。呼吸心跳停止者立即使用紧急供氧装置进行人工呼吸。

(5)应急领导小组在接到报警电话后，立即联系救护车和医务人员赶赴现场实施抢救。

(6)救护车赶到后由医护人员抢救，应急小组做好配合工作。

(7)伤势过重者立即送医院进行抢救。根据伤者情况，应急领导小组配合医院做好转院准备。

(8)应急领导小组应安排一人守候在伤者左右，以便在采取进一步抢救措施时作出决定。

6.4　人员中毒

(1)当发现生产区域内有人气体中毒时，第一发现人马上呼喊区域内其他作业人员，同时通过风向标判断风向，选择低毒、最近的路径迅速向上风口无毒区域撤离到紧急集合点。

(2)佩戴空气呼吸器进入事故现场，将中毒人员抬至无毒安全区域进行救援，并对事故现场进行勘查，相关情况向应急领导小组汇报。

(3)佩戴空气呼吸器对事故现场确定临时警戒区，设置隔离带，进行警戒巡护，禁止无关人员进入事故现场。采取截断流程措施，减少酸气泄漏，降低浓度。

(4)现场救治：当人员中毒较轻时，迅速移至通风处进行人工呼吸。若中毒严重，尽早吸氧，使用紧急供氧装置为患者供氧。呼吸心跳停止者立即进行胸外心脏按压及采用紧急供氧装置进行人工呼吸，忌用口对口人工呼吸。

(5)应急领导小组在接到报警电话后，立即启动四级响应程序，向厂调汇报，联系救护车和医务人员赶赴现场实施抢救。

(6)救护车赶到后由医护人员抢救，应急小组做好配合工作。轻度中毒者现场处理后送医院检查。

(7)重度中毒者立即送医院进行抢救。根据伤者情况，应急领导小组配合医院做好转院准备。应急领导小组应安排一人守候在伤者左右，以便在采取进一步抢救措施时作出决定。

(8)在实施抢救的同时，各抢险队伍赶赴事故现场进行抢险。应急抢险总指挥负责事故现场调配和支援，并做好恢复生产工作。

项目二　辅助装置停机操作

1　项目简介

全装置停产或检修时，进行辅助装置停机操作，以便于进行检修等相关作业活动。

2　操作前准备

(1)穿戴劳保用品，主要包括工衣、工裤、安全帽、手套。

(2)准备相关操作工具：防爆 F 扳手、报话机。

3　操作步骤

3.1　集气区停运

(1)单列贫气压缩机降负荷时，手动打开部分越站阀门，维持集气区压力稳定，其他列装置保持原负荷正常生产。当四列装置全部停运时，打开全部越站阀门。

(2)关闭两条取气管线的进站阀门。

(3)关闭四条出装置管线的阀门。

(4)确认旋风分离器旁通管线阀门处于关闭状态。

(5)检修时，按顺序打开旋风分离器前至放空气回收总管的阀门，启动尾气处理装置螺杆压缩机对放空气进行增压回收，当压力低于 0.1MPa，按顺序关闭放空阀。

3.2　配气及清管区停运

(1)打开自集气区来的开工燃料气管线阀门，关闭自配气区来的正常燃料气管线，根据下游用户需求，保持燃料气供给或关断燃料气外输阀门。

(2)关断贫气至下游单位的外输阀门。

(3)关断乙烷气外输阀门。

(4)关断液化气外输阀门。

(5)关断稳定轻烃外输阀门。

3.3　循环水系统停运

(1)停运循环水泵。

(2)停运闭式空冷器。

(3)停运除盐水补水系统。

(4)一旦循环水系统停运，根据气温、停运时间情况，需考虑将系统内除盐水排出。

(5)若对循环水系统进行检修，根据循环水检修区块，将检修区循环水切出，排净检修区循环水进行检修，若气温低于0℃，则需将系统内循环水全部导出。

3.4　供热系统停运

根据计划，当需要停运供热系统高温导热油和低温导热油系统时，按照以下顺序执行：

(1)按照操作规程停炉。

(2)确认高低温导热油循环泵已停运。

(3)确认高低温导热油炉燃料气供应阀门已关闭。

(4)高低温导热油系统若需检修时，待高低温导热油油温降至60℃时，切断相应工艺流程，将高低温导热油安全排放后进行检修。

3.5　火炬及放空系统停运

根据计划，需要停运火炬及放空系统时，按照以下顺序执行：

(1)切断燃料气至火炬系统流程。

(2)打开火炬底部排凝管路，排凝结束后进行氮气置换。

(3)关闭低压火炬蒸汽消烟系统，蒸汽管线在关闭总阀后，应打开所有疏水阀组旁路，放净蒸汽冷凝水，同时关闭蒸汽调节阀。

4　操作要点与安全注意事项

(1)停车过程严格按照本规定执行。

(2)如遇事故，操作人员严格按应急预案中要求的处理措施处理，并及时向上级汇报。

(3)停车过程中要防止中控与现场配合不到位造成管线憋压、天然气泄漏、火灾爆炸等事故以及设备本体、阀门及管线法兰连接处因超压引发的泄漏。

(4)停车时，防止设备超温、超压，现场人员要加强巡回检查，及时处理。

(5)对参加停车作业人员进行技术培训，掌握本方案所编写的内容，使参加停车作业人员能熟练掌握工艺装置工艺流程及停车步骤。

(6)对操作人员进行安全教育及应急预案学习，使操作人员在现场作业过程中平稳操作，一旦出现险情能有序进入应急程序。

(7)现场人员到位，工具准备齐全。

5　突发事件应急处理

5.1　火灾爆炸

(1)最早发现火情的人立即打电话向消防队报告火警，同时向调度室报告火灾地点并组织现场人员进行扑救。

(2)火灾发生后，根据现场情况，启动相应应急响应程序，按照《事故应急预案》开展应急抢险。

(3)立即撤离作业现场所有人员至紧急集合点，迅速组成应急小组，并对应急小组人员进行分工。

(4)安排抢险人员佩戴空气呼吸器进入现场对着火区域进行搜救，搜救到受伤人员立即运送到指定的救治区域进行救治，并在火灾有效安全区域安排人员进行警戒，阻止无关人员进入火灾区域。

(5)安排人员观测火灾区域的风向，以及对火灾区域进行气体检测，定时向总指挥进行汇报，提供信息帮助指挥人员划定警戒区域和指挥应急人员。

(6)安排专人在厂区交通节点处待命，引导外部救援人员和车辆进入火灾区域。消防车辆到位后对火灾区域进行灭火

(7)险情得到有效控制后，宣布解除应急状态，调查原因、分析总结。

5.2　天然气泄漏

(1)天然气泄漏事件发生后，如出现火情，立即通知应急抢险领导小组启动火灾应急响应程序，开展应急抢险。如未出现火情，则应急抢险领导小组接到险情汇报后，由领导小组组长下令启动天然气泄漏事故应急方案。

(2)根据事故状态，各抢险队伍、消防队赶赴事故现场进行抢险，成立现场应急抢险中心，并根据风向确定现场应急指挥中心位置。

(3)应急抢险总指挥负责事故现场应急所需的个体防护用具、应急设备、物资、车辆等的支援和调配，同时拨打火警电话联系消防队进行戒备。

(4)事故现场相关监测人员用气体检测仪由远及近，逐步进行气体浓度检测，确定临时警戒区，进行警戒巡护，禁止无关人员进入事故现场。

(5)抢险人员佩戴好防护用具，切断气源，并组合放空。切断装置区域内火源、电源并落实装置区相关界区阀关闭情况。

(6)现场应急抢险总指挥向上级部门、当地政府部门及其他厂外应急机构通报事故情况，请求紧急援助，在必要的时候提出周边公众紧急疏散的建议，并根据指示通知附近地区的单位及群众紧急疏散。

(7)与外部医疗机构联系，请求医疗援助，如有受伤人员立即进行紧急救治和转移。

5.3　物体打击

(1)当发现生产区域内有人受到物体打击伤害时，第一发现人马上呼喊区域内其他作业人员参与急救。

(2)将受伤人员抬至安全区域进行救援，并对事故现场进行勘查，相关情况向应急领导小组汇报。

(3)对事故现场确定临时警戒区，设置隔离带，进行警戒巡护，禁止无关人员进入事故现场。

(4)现场救治：当人员伤势较轻时，迅速移至安全处进行包扎、止血。若伤势严重，应尽量让伤者平躺勿动。呼吸心跳停止者立即用紧急供氧装置进行人工呼吸。

(5)应急领导小组在接到报警电话后，立即联系救护车和医务人员赶赴现场实施抢救。

(6)救护车赶到后由医护人员抢救，应急小组做好配合工作。

(7)伤势过重者立即送医院进行抢救。根据伤者情况，应急领导小组配合医院做好转院准备。

(8)应急领导小组应安排一人守候在伤者左右，以便在采取进一步抢救措施时作出决定。

5.4　人员中毒

(1)当发现生产区域内有人气体中毒时，第一发现人马上呼喊区域内其他作业人员，同时通过风向标判断风向，选择低毒、最近的路径迅速向上风口无毒区域撤离到紧急集合点。

(2)佩戴空气呼吸器进入事故现场，将中毒人员抬至无毒安全区域进行救援，并对事故现场进行勘查，相关情况向应急领导小组汇报。

(3)佩戴空气呼吸器对事故现场确定临时警戒区，设置隔离带，进行警戒巡护，禁止无关人员进入事故现场。采取截断流程措施，减少酸气泄漏，降低浓度。

(4)现场救治：当人员中毒较轻时，迅速移至通风处进行人工呼吸。若中毒严重，尽早吸氧，使用紧急供氧装置为患者供氧。呼吸心跳停止者立即进行胸外心脏按压及采用紧急供氧装置进行人工呼吸，忌用口对口人工呼吸。

(5)应急领导小组在接到报警电话后，立即启动四级响应程序，向厂调汇报，联系救护车和医务人员赶赴现场实施抢救。

(6)救护车赶到后由医护人员抢救，应急小组做好配合工作。轻度中毒者现场处理后送医院检查。

(7)重度中毒者立即送医院进行抢救。根据伤者情况，应急领导小组配合医院做好转院准备。应急领导小组应安排一人守候在伤者左右，以便在采取进一步抢救措施时作出决定。

(8)在实施抢救的同时，各抢险队伍赶赴事故现场进行抢险。应急抢险总指挥负责事故现场调配和支援，并做好恢复生产工作。

模块二　主装置开停机操作

项目一　主装置开机操作

1　项目简介

主装置的开机过程主要包括开车前准备、以及氮气置换、系统恢复，天然气置换，严密性实验，装置干燥，启动冷剂压缩机，投运液烃回收、分离单元，投运乙烷脱碳单元，投运乙烷脱水单元，投运乙烷液化流程10个步骤，完成装置投产的全过程。

2　操作前准备

(1)装置自控系统全部投运，导热油炉、循环水系统、供风系统投运正常。

(2)对参加开车作业人员进行技术培训，熟悉掌握本作业方案所编写的内容，使参加开停车作业人员能熟练掌握装置工艺流程及开车步骤。

(3)对参加开车作业人员进行安全教育及应急事故预案学习，使开车作业人员在现场作业过程中平稳操作，一旦出现险情能井然有序进入应急程序。

(4)开车作业前的物资、工具、开车方案、作业票等准备齐全。

(5)空氮站空压机、制氮撬块启用，合格氮气处于备用状态。

(6)确认系统流程已全部恢复，检修期间临时安装的流程已拆除。

(7)其他检查严格按照装置开车作业票及开车作业指导卡进行。

3　装置开机步骤

3.1　氮气置换、系统恢复

3.1.1　预处理单元

(1)确认进装置电动阀及其旁通、预处理装置进液烃回收单元电动阀及其旁通手阀、回流贫气至预处理再生气流程手动阀门、再生气放空分液罐底部液位调节阀及旁通、再生气出装置界区阀门处于关闭状态。

(2)打开脱水塔所有顺控阀，导通脱汞塔前置粉尘过滤器至脱水塔粉尘过滤器和再生气流程。

(3)用软管将氮气接入前置粉尘过滤器出口的氮气置换口，将氮气引入系统，打开脱水粉尘过滤器出口手动放空阀门，将氮气排放至低压放空系统。系统充排3次后，依次在再生气放空分液罐底部液位调节阀前甩头、再生气流量调节阀后甩头、再生气换热器至再生气空冷器管线排污甩头、脱水粉尘过滤器后紧急放空阀前甩头、再生气压缩机进口排污甩头处进行氮气排放检测，检测合格后关闭检测点。检测排放口氧含量小于2%时为合格。

(4)氮气置换合格后预处理单元充压至微正压。

(5)氮气置换完成后进行系统恢复，导通回收气管线盲板。

3.1.2　液烃回收装置

(1)确认预处理装置进液烃回收单元电动阀门及其旁通手阀、含碳乙烷气进乙烷脱碳装置手阀、含碳乙烷气进贫气压缩机手阀、含碳乙烷气至乙烷脱水单元手阀、脱乙烷塔底液位调节阀关闭。

(2)导通低温分离器至脱甲烷塔流程，导通脱甲烷塔至脱乙烷塔流程，导通侧线流程，导通过冷气至脱甲烷塔流程，导通回流贫气至脱甲烷塔流程。

(3)用软管将氮气连接至脱乙烷塔底液烃出口管线氮气置换口上，将氮气引入系统。打开低温分离器手动放空阀门进行氮气排放，打开复热贫气手动放空阀门进行氮气排放，打开乙烷回流罐手动放空阀门进行氮气排放，系统充排3次以上。

(4)将膨胀机膨胀端进口切断阀上游的排污甩头、J－T阀上游的排污甩头、低温分离器气相管线放空甩头、低温分离器液相调节阀的排污甩头、低温分离器温度调节阀上游的排污甩头、过冷气温度调节阀上游的排污甩头、过冷气流量调节阀的排污甩头、回流贫气流量调节阀的排污甩头、脱甲烷塔底部的排污甩头、复热贫气放空调节阀上游的放空甩头、膨胀机膨胀端出口电动阀下游的排污甩头作为氮气排放检测点。

(5)将侧线增压泵进出口管线上的排污甩头、侧线液位调节阀的排污甩头、侧线增压泵最小回流调节阀阀的排污甩头、脱甲烷塔底增压泵安全阀前放空阀甩头、回流贫气水冷器进出口管线上的放空甩头、回流贫气进重沸器前安全阀上游的放空甩头、液化乙烷解冻气放空甩头、高压冷剂解冻气放空甩头、过冷原料气解冻气放空甩头、脱甲烷塔底增压泵进出口管线上的排污甩头、脱甲烷塔液位调节阀的排污甩头、脱甲烷塔底增压泵最小回流调节阀的排污甩头作为排放检测点。

(6)将脱乙烷塔进料换热器出口管线上的放空甩头、脱乙烷塔再沸器入口管线的排污甩头、脱乙烷塔液位调节阀的排污甩头、乙烷回流罐出口调节阀的排污甩头、乙烷回流罐定压放空调节阀的排污甩头、脱乙烷塔回流泵进出口管线上的排污甩头、脱乙烷塔回流泵流量调节阀的排污甩头、脱乙烷塔回流泵最小回流调节阀的排污甩头作为排放检测点。检测排放口氧含量小于2%时为合格。

(7)氮气置换完成后进行系统恢复，导通液化乙烷出装置界区盲板。

3.1.3　液烃分离装置

(1)确认液化气出装置界区阀、稳定轻烃出装置界区阀、液化气不凝气至燃料气区界区阀、液化气不凝气放空调节阀及前后手阀、旁通阀、不合格液化气进装置界区阀。

(2)将液化气塔再沸器入口管线的排污甩头、液化气塔顶回流泵流量调节阀的排污甩头、液化气空冷器的排污甩头、液化气塔平衡气至回流罐压力调节阀的排污甩头、液化气不凝气放空调节阀的排污甩头、液化气不凝气至燃料气区调节阀的排污甩头、液化气回流泵进出口管线上的排污甩头、稳定轻烃水冷器进口排污甩头、液化气水冷器进出口排污甩头、液化气回流罐液位调节阀的排污甩头作为氮气排放检测点。检测排放口氧含量小于2%时为合格。

(3)用软管将氮气连接至脱液化气塔底液烃出口管线氮气置换口上，将置换氮气导入液化气塔，打开液化气塔调压放空阀及前后阀进行氮气排放。系统充排3次。

(4)氮气置换完成后进行系统恢复。

导通罐区来不合格液化气界区阀盲板、不凝气至燃料气区界区阀盲板、液化气界区阀盲板、稳定轻烃界区阀盲板。

3.1.4　贫气压缩机

(1)确认贫气压缩机进口电动阀门及其旁通阀、贫气压缩机出口及其旁通阀门、回流贫气出口电动阀、贫气压缩机出口密封气两道手动阀门、贫气压缩机外引密封气两道手动阀门处于关闭状态。

(2)用软管将氮气连接至压缩机入口氮气置换口上，将氮气引入系统。打开压缩机出口手动放空阀门，将氮气排放至低压放空系统，系统充排3次。将压缩机出口氮气置换口作为检测点，检测排放口氧含量小于2%时为合格。

(3)打开压缩机出口密封气阀门，分别在干气密封盘各压力表考克处做排放检测，检测合格后关闭阀门。

(4)氮气置换完成后进行系统恢复。

(5)关闭贫气压缩机外引密封气两道手动阀门，将盲板导通。

3.1.5　冷剂系统

(1)确认乙烯冷剂补充阀、丙烷冷剂补充阀、异丁烷冷剂补充阀、甲烷冷剂补充阀、高压气相冷剂解冻气手动阀门处于关闭状态。确认冷剂缓冲罐的氮气管线处于关闭状态。确认其余三列至冷剂回收总管流程处于关闭状态。

(2)关闭压缩机干气密封低压氮气入口截断阀，打开压缩机出口至干气密封入口截断阀，关闭至低压火炬截断阀。打开干气密封至压缩机驱动端和非驱动端管路所有阀门。

(3)打开冷剂缓冲管进冷剂压缩机进口两道阀门，打开冷剂压缩机出口至冷剂缓冲管两道阀门。检查确认冷剂压缩机→脱乙烷塔进料换热器→冷剂水冷器→脱甲烷塔塔底重沸器→冷剂分离器→冷箱→冷剂压缩机流程全部导通。检查确认冷剂分离器→冷剂增压泵→冷剂缓冲罐→冷剂压缩机流程全部导通。

(4)导通冷剂增压泵氮气充压流程，将冷剂系统充压至0.3MPa，打开冷剂压缩机出口手动放空阀门进行氮气排放，充排3次。将冷箱冷剂管路排污甩头、冷剂分离器安全阀甩头、液位计排污甩头、冷剂增压泵进出口排污甩头、冷剂缓冲罐安全阀甩头、冷剂缓冲罐底部排污甩头、一级入口分离器安全阀甩头、一级入口分离器底部排污甩头、二级入口分离器安全阀甩头、二级入口分离器底部排污甩头、末级分离器安全阀甩头、末级分离器底部排污甩头作为氮气排放检测点。检测排放口氧含量小于2%时为合格。

(5)氮气置换完成后进行系统恢复。

(6)导通冷剂甲烷补充界区阀盲板、冷剂乙烯补充界区阀盲板、冷剂丙烷补充界区阀盲板、冷剂异丁烷补充界区阀盲板。

3.1.6　乙烷脱碳单元

(1)脱碳流程。

①确认乙烷湿气分离器液位调节阀、乙烷湿气分离器气相至乙烷脱水单元手阀处于关闭状态。

②导通含碳乙烷气进乙烷脱碳装置流程，打开含碳乙烷气进乙烷脱碳装置手阀，将系统整体充压至0.3MPa，打开乙烷湿气分离器手动放空阀门进行氮气排放，充排3次。

③打开湿净化气分离器放空阀前甩头进行排放检测，检测排放口氧含量小于2%时为合格。

(2)再生流程。

①确认关闭酸气分离器至放空管线电动阀、酸气放空界区阀，关闭酸气分离器出口电动阀，断电并将电动阀控制旋钮旋至停止位，切断酸气至CO_2压缩机流程。

②导通酸气空冷器氮气流程，将胺液再生塔及酸气分离器充压至0.3MPa，打开酸气

分离器压力调节阀进行氮气排放，充排3次。

③打开酸气分离器安全阀前甩头进行排放检测，检测排放口氧含量小于2%时为合格。

3.1.7 乙烷脱水单元

(1)确认乙烷脱碳至乙烷脱水单元手阀、乙烷外输界区阀、不合格乙烷至膨胀机增压端电动阀、液态乙烷至乙烷储罐界区阀处于关闭状态。

(2)导通含碳乙烷进乙烷脱水单元手阀，将氮气引入乙烷脱水单元，充压至0.3MPa，打开再生气分离器手动放空阀进行放空，充排3次。依次打开前置过滤器、脱水塔设备排污甩头、液位计排放甩头进行排放检测。检测排放口氧含量小于2%时为合格。

3.1.8 其他

(1)导通常温低位罐界区阀盲板。

(2)导通低温低位罐界区阀盲板。

3.2 天然气置换

3.2.1 预处理单元

(1)确认集气区进装置电动阀及其旁通阀、预处理装置进液烃回收单元电动阀及其旁通手阀、回流贫气至预处理再生气流程手动阀门、再生气放空分液罐底部液位调节阀及旁通阀、再生气出装置界区阀门处于关闭状态。

(2)打开脱水塔所有顺控阀，导通脱汞塔前置粉尘过滤器至脱水塔粉尘过滤器和再生气流程。

(3)导通回流贫气至再生气流程，打开脱水粉尘过滤器手动放空阀门和再生气分离器手动放空阀门，用天然气置换氮气，用贫气至再生气手阀控制充压速度。系统充排3次后，依次在再生气放空分液罐底部液位调节阀前甩头、再生气流量调节阀后甩头、再生气换热器至再生气空冷器管线排污甩头、脱水粉尘过滤器后紧急放空阀前甩头、再生气压缩机进口排污甩头处进行CH_4含量排放检测，CH_4含量≥80%时为合格。检测合格后关闭检测点，置换合格后恢复流程。

3.2.2 液烃回收装置

(1)确认关闭预处理装置进液烃回收单元电动阀门及其旁通手阀、含碳乙烷气进乙烷脱碳装置手阀、含碳乙烷进贫气压缩机手阀、含碳乙烷气至乙烷脱水单元手阀、脱乙烷塔底液位调节阀。

(2)导通低温分离器至脱甲烷塔流程，导通脱甲烷塔至脱乙烷塔流程，导通侧线流程，导通过冷原料气至脱甲烷塔流程，导通回流贫气至脱甲烷塔流程。

(3)打开预处理装置进液烃回收单元电动阀门旁通手阀，给液烃回收单元充压至0.5MPa，用天然气置换氮气。打开低温分离器手动放空阀门进行氮气排放，打开复热贫气手动放空阀门进行氮气排放，打开乙烷回流罐手动放空阀门进行天然气排放。系统充排3次。

(4)将膨胀机膨胀端进口切断阀上游的排污甩头、J-T阀上游的排污甩头、低温分离器气相管线放空甩头、低温分离器液相调节阀的排污甩头、低温分离器温度调节阀上游的排污甩头、过冷气温度调节阀上游的排污甩头、过冷气流量调节阀的排污甩头、回流贫气流量调节阀的排污甩头、脱甲烷塔底部的排污甩头、复热贫气放空调节阀上游的放空甩头、膨胀机膨胀端出口电动阀下游的排污甩头作为CH_4含量排放检测点。

(5)将侧线增压泵进出口管线上的排污甩头、侧线液位调节阀的排污甩头、侧线增压泵最小回流调节阀的排污甩头、脱甲烷塔底增压泵安全阀前放空阀甩头、回流贫气水冷器进出口管线上的放空甩头、回流贫气进重沸器前安全阀上游的放空甩头、液化乙烷解冻气放空甩头、高压冷剂解冻气放空甩头、过冷原料气解冻气放空甩头、脱甲烷塔底增压泵进出口管线上的排污甩头、脱甲烷塔液位调节阀的排污甩头、脱甲烷塔底增压泵最小回流调节阀的排污甩头作为 CH_4 排放检测点。

(6)将脱乙烷塔进料换热器出口管线上的放空甩头、脱乙烷塔再沸器入口管线的排污甩头、脱乙烷塔液位调节阀的排污甩头、乙烷回流罐出口调节阀的排污甩头、乙烷回流罐定压放空调节阀的排污甩头、脱乙烷塔回流泵进出口管线上的排污甩头、脱乙烷塔回流泵流量调节阀的排污甩头、脱乙烷塔回流泵最小回流调节阀的排污甩头作为排放检测点，检测排放口 CH_4 含量≥80%时为合格。置换合格后恢复流程。

3.2.3　液烃分离装置

(1)确认液化气出装置界区阀、稳定轻烃出装置界区阀、液化气不凝气至燃料气区调节阀、液化气不凝气放空调节阀、不合格液化气进液化气塔流量调节阀处于关闭状态。

(2)将液化气塔再沸器入口管线的排污甩头、液化气塔顶回流泵流量调节阀的排污甩头、液化气空冷器的排污甩头、液化气塔平衡气至回流罐压力调节阀的排污甩头、液化气不凝气放空调节阀的排污甩头、液化气不凝气至燃料气区调节阀的排污甩头、液化气回流泵进出口管线上的排污甩头、稳定轻烃水冷器进口排污甩头、液化气水冷器进出口排污甩头、液化气回流罐液位调节阀的排污甩头作为氮气排放检测点，检测排放口 CH_4 含量≥80%时为合格。

(3)打开脱乙烷塔塔底液位调节阀旁通阀，将置换天然气导入液化气塔。打开液化气回流罐调压放空阀及前后阀进行天然气排放。置换合格后恢复流程。

3.2.4　贫气压缩机

(1)确认贫气压缩机进口电动阀门及其旁通阀、贫气压缩机出口及其旁通阀门、回流贫气出口电动阀、贫气压缩机出口密封气两道手动阀门、贫气压缩机外引密封气两道手动阀门处于关闭状态。

(2)打开贫气压缩机充压阀，将天然气引入系统。打开压缩机出口手动放空阀门，将系统内气体排放至低压放空系统，系统充排 3 次。将压缩机出口氮气置换口作为检测点，检测排放口 CH_4 含量≥80%时为合格。置换合格后恢复流程。

3.2.5　乙烷脱碳单元

(1)确认含碳乙烷气进乙烷脱碳装置手阀、乙烷湿气分离器液位调节阀、乙烷湿气分离器气相至乙烷脱水单元手阀处于关闭状态。

(2)打开含碳乙烷气进乙烷脱碳装置手阀，将天然气引入系统，将系统整体充压至 0.3MPa，打开乙烷湿气分离器手动放空阀门进行天然气排放，充排 3 次。

(3)打开湿净化气分离器放空阀前甩头进行排放检测，检测排放口 CH_4 含量≥80%时为合格。置换合格后恢复流程。

3.2.6　乙烷脱水单元

(1)确认乙烷脱碳至乙烷脱水单元手阀、含碳乙烷进乙烷脱水单元手阀、乙烷外输界区阀、不合格乙烷至膨胀机增压端电动阀、液态乙烷至乙烷储罐界区阀处于关闭状态。

(2)打开乙烷脱碳至乙烷脱水单元手阀，将天然气引入乙烷脱水撬，充压至0.3MPa，打开再生气分离器手动放空阀进行放空，充排3次。依次打开前置过滤器、脱水塔设备排污甩头、液位计排放甩头进行排放检测。检测排放口CH_4含量≥85%时为合格。置换合格后恢复流程。

3.3 严密性试验

3.3.1 严密性试验压力等级

(1)高压系统：包括预处理单元、低温分离器、贫气压缩机组。试压建议最少分4个等级范围开展，每兆帕一等级开展试压。

(2)中压系统：脱甲烷塔、脱乙烷塔、乙烷脱碳单元、乙烷脱水单元、冷剂压缩机组。

(3)低压系统：包括脱碳再生塔、贫液半贫液换热器壳程、贫液空冷器、酸气系统。

3.3.2 严密性试验步骤

(1)预处理单元。

①确认进装置电动阀及其旁通阀、预处理装置进液烃回收单元电动阀及其旁通手阀、回流贫气至预处理再生气流程手动阀门、再生气放空分液罐底部液位调节阀及旁通阀、再生气出装置界区阀门处于关闭状态。

②打开脱水塔所有顺控阀，导通脱汞塔前置粉尘过滤器至脱水塔粉尘过滤器和再生气流程。

③待天然气置换合格后，打开贫气至脱汞塔后手阀，给预处理单元充压。升压速率控制在≤0.3MPa/min，分别在每个试压等级对系统进行验漏，直至无漏点为合格。

(2)低温分离器。

①确认预处理装置进液烃回收单元电动阀、低温分离器至脱甲烷塔J-T阀、低温分离器液位调节阀，过冷气流量调节阀处于关闭状态。

②待预处理单元验漏完成后，打开预处理装置进液烃回收单元电动阀的旁通手阀，给低温分离器充压。升压速率控制在≤0.3MPa/min，分别在每个试压等级对系统进行验漏，直至无漏点为合格。

(3)回收单元。

①确认含碳乙烷气进乙烷脱碳装置手阀、含碳乙烷进贫气压缩机手阀、含碳乙烷气至乙烷脱水单元手阀、脱乙烷塔底液位调节阀关闭。

②待低温分离器单元验漏完成后，打开低温分离器至脱甲烷塔J-T阀，利用上游气源给脱甲烷塔、脱乙烷塔充压。待上游压力降至合适压力时，关闭低温分离器液位调节阀、低温分离器至脱甲烷塔J-T阀、过冷气流量调节阀，将低温分离器之前管线保压。打开回流贫气流量调节阀，利用回流贫气继续对系统进行充压验漏，升压速率控制在≤0.3MPa/min，分别在每个试压等级对系统进行验漏，直至无漏点为合格。

(4)乙烷脱碳单元脱碳流程。

①确认乙烷湿气分离器液位调节阀、乙烷湿气分离器气相至乙烷脱水单元手阀处于关闭状态。

②待脱乙烷塔单元验漏完成后，打开含碳乙烷气进乙烷脱碳装置手阀，给乙烷脱碳单元充压，控制升压速率≤0.3MPa/min，分别在每个试压等级对系统进行验漏，直至无漏点为合格。

(5)乙烷脱碳单元再生流程。

①确认关闭酸气分离器放空电动阀、酸气放空界区阀，关闭酸气分离器出口电动阀，断电并将电动阀控制旋钮旋至停止位，切断酸气至 CO_2 压缩机流程。

②导通酸气空冷器氮气流程，将胺液再生塔及酸气分离器充压至 60kPa，并对系统进行验漏，直至无漏点为合格。

(6)乙烷脱水单元。

①确认乙烷脱碳至乙烷脱水单元手阀、含碳乙烷气进乙烷脱水单元手阀、乙烷外输界区阀、不合格乙烷至膨胀机增压端电动阀、液态乙烷至乙烷储罐界区阀处于关闭状态。

②待脱乙烷塔单元验漏完成后，打开含碳乙烷进乙烷脱水单元手阀、给乙烷脱水单元充压，控制升压速率≤0. 3MPa/min，分别在每个试压等级对系统进行验漏，直至无漏点为合格。

(7)分离单元

①确认液化气出装置界区阀、稳定轻烃出装置界区阀、液化气不凝气至燃料气区界区阀、液化气不凝气放空调节阀及前后手阀、旁通阀、不合格液化气进装置界区阀。

②待脱乙烷塔验漏完成后，打开脱乙烷塔液位调节阀，给液化气塔充压。控制升压速率≤0. 3MPa/min，分别在每个试压等级对系统进行验漏，直至无漏点为合格。

③严密性试验结束后关闭脱甲烷塔液位调节阀及其前后手阀、脱乙烷塔液位调节阀及其前后手阀，导通不凝气至燃料气流程，将液化气塔压力泄至要求压力。

(8)贫气压缩机。

①确认贫气压缩机进口电动阀门及其旁通阀、贫气压缩机出口及其旁通阀门、回流贫气出口电动阀、贫气压缩机出口密封气两道手动阀门、贫气压缩机外引密封气两道手动阀门处于关闭状态。

②打开贫气压缩机出口电动阀的旁通手阀，给贫气压缩机充压。控制升压速率≤0. 3MPa/min，分别在每个试压等级对系统进行验漏，直至无漏点为合格。

(9)冷剂系统。

①确认乙烯冷剂补充阀、丙烷冷剂补充阀、异丁烷冷剂补充阀、甲烷冷剂补充阀、高压气相冷剂解冻气手动阀门处于关闭状态。确认冷剂增压泵、冷剂缓冲罐的氮气管线处于关闭状态。确认其余三列至冷剂回收总管流程处于关闭状态。

②关闭压缩机干气密封低压氮气入口截断阀，打开压缩机出口至干气密封入口截断阀，关闭至低压火炬截断阀，打开干气密封至压缩机驱动端和非驱动端管路所有阀门。

③打开冷剂缓冲罐进冷剂压缩机进口两道阀门，打开冷剂压缩机出口至冷剂缓冲罐两道阀门。检查确认冷剂压缩机→脱乙烷塔进料换热器→冷剂水冷器→脱甲烷塔塔底重沸器→冷剂分离器→冷箱→冷剂压缩机流程全部导通，检查确认冷剂分离器→冷剂增压泵→冷剂缓冲罐→冷剂压缩机流程全部导通。

④关闭冷箱底部排污手阀，拆除中间短接，用软管连接至氮气车，给系统充压，控制升压速率≤0. 3MPa/min，分别在每个试压等级对系统进行验漏，直至无漏点为合格。

⑤打开冷剂分离器气相出口手动放空阀门，将系统泄压至微正压。

⑥导通 LNG 储罐至冷剂压缩机进口流程，用 LNG 对冷剂系统进行置换，打开冷剂分离器气相出口手动放空阀门进行氮气排放，充排三次。将冷箱冷剂管路排污甩头、冷剂分

离器安全阀甩头、液位计排污甩头、冷剂增压泵进出口排污甩头、冷剂缓冲罐安全阀甩头、冷剂缓冲罐底部排污甩头、一级入口分离器安全阀甩头、一级入口分离器底部排污甩头、二级入口分离器安全阀甩头、二级入口分离器底部排污甩头、末级分离器安全阀甩头、末级分离器底部排污甩头作为氮气排放检测点，直至氮气含量≤1%为合格。

3.4 装置干燥

3.4.1 原料气系统干燥

(1)关闭前置粉尘过滤器前进口阀及旁通阀，打开脱水塔开工再生气阀，关闭贫气增压机出口至配气区电动阀及旁通阀，导通贫气增压机出口至脱汞塔后流程。

(2)导通前置粉尘过滤器→脱汞塔→脱水塔→冷箱→脱甲烷塔→冷箱→贫气增压机→脱汞塔后工艺流程。

(3)将预处理分子筛投入自动状态。打开小循环线和脱汞后球阀，启动再生气压缩机，建立干燥塔小循环。

(4)启动贫气压缩机，贫气形成循环流动状态。

(5)将膨胀机膨胀端进口切断阀上游的排污甩头、J－T阀上游的排污甩头、低温分离器气相管线放空甩头、低温分离器液相调节阀的排污甩头、低温分离器温度调节阀上游的排污甩头、过冷气温度调节阀上游的排污甩头、过冷气流量调节阀的排污甩头、回流贫气流量调节阀的排污甩头、脱甲烷塔底部的排污甩头、复热贫气放空调节阀上游的放空甩头、膨胀机膨胀端出口电动阀下游的排污甩头作为水露点检测点。

(6)将侧线增压泵进出口管线上的排污甩头、侧线液位调节阀的排污甩头、侧线增压泵最小回流调节阀的排污甩头、脱甲烷塔底增压泵安全阀前放空阀甩头、回流贫气水冷器进出口管线上的放空甩头、回流贫气进重沸器前安全阀上游的放空甩头、液化乙烷解冻气放空甩头、高压冷剂解冻气放空甩头、过冷原料气解冻气放空甩头、脱甲烷塔底增压泵进出口管线上的排污甩头、脱甲烷塔液位调节阀的排污甩头、脱甲烷塔底增压泵最小回流调节阀的排污甩头作为水露点检测点。

(7)打开脱甲烷塔各压力表、差压表放空考克处进行排放，检测水露点。

(8)各检测点水露点≤－60℃达标，系统干燥合格。

3.4.2 冷剂系统干燥及冷剂填充

(1)确认乙烯冷剂补充阀、丙烷冷剂补充阀、异丁烷冷剂补充阀、甲烷冷剂补充阀、高压气相冷剂解冻气手动阀门处于关闭状态。确认冷剂增压泵、冷剂缓冲罐的氮气管线处于关闭状态。确认其余三列至冷剂回收总管流程处于关闭状态。

(2)关闭压缩机干气密封低压氮气入口截断阀，打开压缩机出口至干气密封入口截断阀，关闭至低压火炬截断阀，打开干气密封至压缩机驱动端和非驱动端管路所有阀门。

(3)打开冷剂缓冲罐进冷剂压缩机进口两道阀门，打开冷剂压缩机出口至冷剂缓冲罐两道阀门。检查确认冷剂压缩机→脱乙烷塔进料换热器→冷剂水冷器→脱甲烷塔塔底重沸器→冷剂分离器→冷箱→冷剂压缩机流程全部导通，检查确认冷剂分离器→冷剂增压泵→冷剂缓冲罐→冷剂压缩机流程全部导通。

(4)关闭冷箱底部排污手阀，拆除中间短接，用软管连接至氮气车，将冷剂系统充压至0.3MPa，打开冷剂分离器气相手动放空阀进行氮气排放，充排三次。将冷箱冷剂管路排污甩头、冷剂分离器安全阀甩头、液位计排污甩头、冷剂增压泵进出口排污甩头、冷剂缓冲罐安全阀甩头、冷剂缓冲罐底部排污甩头、一级入口分离器安全阀甩头、一级入口分离器底部排污甩头、二级入口分离器安全阀甩头、二级入口分离器底部排污甩头、末级分离器安全阀甩头、末级分离器底部排污甩头作为水露点检测点，检测排放口水露点小于－60℃为合格。

(5)关闭冷剂缓冲罐、冷剂缓冲罐与冷剂系统流程阀门，确认丙烷干燥器再生合格、异丁烷干燥器再生合格。

(6)按压力确定冷剂各组分的加入量，按照设计要求与压缩机要求分别加注各冷剂至规定压力。

3.5　启动冷剂压缩机

启动冷剂压缩机，监控压缩机入口压力，当入口压力低于0.1MPa(表压)时，通过冷剂加注线补充混合冷剂。

3.6　投运液烃回收、分离单元

3.6.1　贫气压缩机加载

(1)控制贫气压缩机转速和防喘阀建立负荷。逐步关小液烃回收装置J－T阀，缓慢打开预处理单元入口电动阀的旁通阀门为预处理装置至低温分离器充压，按照3.0MPa、4.0MPa、工作压力的压力梯度控制升压速率<0.1MPa/min。待预处理单元入口电动阀前后压差为0时，全开预处理单元入口电动阀，关闭旁通阀。

(2)关注脱甲烷塔压力变化，逐步将单列装置来气负荷缓慢由30%依次提高至50%、70%和100%负荷。并密切关注集气区原料气来气压力，当来气压力低于3.4MPa时关小集气区越站调节阀，直至关闭。

3.6.2　混合冷剂压缩机加载

(1)通过压缩机防喘阀和冷剂J－T阀配合，逐步提高混合冷剂系统负荷，对低温系统进行降温，温度在0℃以上降温速率控制在≤10℃/h，0℃以下控制在≤5℃/h，冷箱截面最大温差不大于30℃，降温过程中做好液烃回收装置冷紧工作。

(2)根据冷剂压缩机进出口压力和主冷箱冷剂组分变化，通过四条冷剂补充流程补充混合冷剂组分，调整混合冷剂负荷。

3.6.3　脱甲烷塔建立液位

(1)在贫气压缩机和混合冷剂系统同步提升负荷的同时，低温分离器逐渐降温建立液位，监控脱甲烷塔压力变化，通过控制回流贫气流量调节阀和过冷原料气流量调节阀开度，逐渐建立脱甲烷塔温度梯度，直至脱甲烷塔塔底建立液位。待脱甲烷塔建立液位30%时，启动脱甲烷塔塔底增压泵。

3.6.4　提高负荷

(1)装置低温部分降至正常工作温度后，缓慢提高装置运行负荷，根据各塔器液位情况投运脱乙烷塔、液烃分离装置。

(2)脱乙烷塔进料时启动丙烷压缩机，根据脱乙烷塔塔顶压力和温度调整丙烷压缩机负荷。乙烷回流罐液位逐步建立至30%时，导通回流泵前后流程，启动脱乙烷塔回流泵。脱乙烷塔底液位建立至30%时缓慢打开导热油，塔顶乙烷气通过不合格乙烷气流程至贫气压缩机，等乙烷气取样合格后导通进脱碳单元流程。

(3)液化气塔底液位建立至30%时缓慢打开导热油，根据塔压和温度需要启动塔顶空冷器，塔压可以通过不凝气和放空流程控制，注意控制塔压不宜过高。回流罐液位建立至30%时导通液化气回流泵流程，启泵，回流至液化气塔，待液化气取样合格后引入罐区。液化气水冷器和稳定轻烃水冷器根据正常参数需要投用。

3.7　投运乙烷脱碳单元

(1)导通脱乙烷塔回流罐至乙烷脱碳塔流程，对乙烷脱碳塔进行充压至脱乙烷塔压力，升压速率控制在<0.1MPa/min。

(2)导通胺液再生塔→贫液/半贫液换热器→贫液增压泵→贫液空冷器→贫液循环泵→贫液水冷器→乙烷脱碳塔→富液闪蒸罐→胺液再生塔流程。

(3)依次启运贫液增压泵、贫液循环泵，建立贫液循环。内操投用贫液循环泵最小回流线，确保胺液再生塔塔底液位稳定，机泵连续运行。通过调整吸收塔底液位调节阀，确保吸收塔液位稳定，通过调整富液闪蒸罐底液位调节阀，确保富液闪蒸罐液位稳定。

(4)当胺液再生塔中段液位达到70%后，导通胺液再生塔→半贫液增压泵→贫液/半贫液换热器→胺液再生塔及半贫液增压泵→胺液预过滤器旁通→活性炭过滤器旁通→胺液后过滤器旁通→半贫液循环泵流程。

(5)依次启运半贫液增压泵、半贫液循环泵，建立半贫液循环。内操投用半贫液增压泵、半贫液循环泵最小回流线，确保胺液再生塔中部液位稳定，机泵连续运行，建立胺液冷循环。

(6)控制乙烷脱碳塔、富液闪蒸罐及胺液再生塔中段、底部液位计液位分别为70%、50%、60%及90%，其余设备管道内部充满胺液。设备液位低时，启运胺液提升泵，向胺液再生塔补液。

(7)缓慢调节再生塔底重沸器导热油调节阀开度，控制重沸器温度110℃，建立胺液热循环。控制再生塔底部升温速率<35℃/h。

(8)待液烃回收装置含碳乙烷气合格后，导通含碳乙烷气进脱碳单元流程。

(9)内操确认乙烷脱碳塔压力、富液闪蒸罐压力、胺液再生塔压力已达到控制范围。

注意：操作过程中，及时打开管道高点进行排气，确保设备、管道内部充满液体。

3.8　投运乙烷脱水单元

(1)导通脱碳单元至乙烷脱水单元流程，将脱碳乙烷引入乙烷脱水单元。

(2)确认乙烷气外输界区阀关闭，导通不合格乙烷气至膨胀机增压端流程。

(3)按照顺控程序步骤，中控人员启动脱水塔控制程序，投自动模式。

(4)缓慢调节再生气加热器导热油调节阀开度，控制再生升温速率<35℃/h。

(5)观察乙烷脱水单元在线水露点值，当A、B、C塔作为吸附塔，出口水露点均≤-60℃，视为1个周期的再生全部完成。

3.9　投运乙烷液化流程

(1)观察乙烷脱水单元在线水露点≤-70℃，脱碳单元参数正常时，导通合格乙烷进冷箱流程。

(2)确认液态乙烷至罐区切断阀及后手阀打开，缓慢增加液态乙烷流量调节阀开度，导通液态乙烷进乙烷储罐流程。注意控制液态乙烷的降温速率。

(3)控制液态乙烷流量调节阀开度，调节液态乙烷产量，要求液态乙烷出冷箱温度<-85℃，注意脱乙烷塔塔顶压力保持稳定。

4　操作要点

(1)置换前确定氮气置换合格，并详细检查流程，导氮气进设备的盲板。

(2)置换过程中，应严格控制天然气流速，使天然气流速 $<5m/s$。

(3)置换后，由检测人员对装置区设备及管线内介质进行检测，当 CH_4 含量 $\geq 80\%$ 时，连续检测 3 次，甲烷含量有增无减，则天然气置换为合格。

(4)验漏过程中，仔细检查流程。

(5)严密性验漏时应全面检查所有的人孔、法兰、阀门盘根，用肥皂水验漏，以无泄漏为合格。

(6)检查出来的漏点，必须做好记录，先泄压再整改，严禁带压紧固螺栓。

(7)严密性验漏以天然气为介质，试漏压力不应超过设备和管线的工作压力。

5　安全注意事项

(1)装置开工前必须进行启动前的安全检查活动，启动前安全检查是装置、设备、设施投运前的一个先决条件。

①所属各生产单位应根据管理权限及生产实际，成立相应的启动前安全检查小组，按照事先编制好的检查清单进行启动前安全检查。

②启动前的装置、设备、设施应具备以下条件：

——符合设计规范、规格和安装标准；

——所有保证工艺设备安全运行的操作规程或作业指导书、操作卡、应急预案等准备就绪；

——操作和维护工艺设备的人员得到应有的培训、并考核合格；

——所有工艺危害分析提出的改进建议得到落实和合理地解决；

——所有工艺、设备安全管理的相关要求已得到满足。

③为确保启动前安全检查的质量，提前组建启动前安全检查小组。启动前安全检查小组成员可由工艺技术、设备、检维修、电气仪表、主要操作和安全环保专业人员组成。必要时可包括承包商、具有特定知识和经验的外部专家等。

④启动前安全检查组长应召集所有组员召开启动前安全检查计划会议。主要内容包括：

——介绍整个项目(施工)概况；

——审查并完善启动前安全检查清单内容；

——明确组员任务分工；

——明确进度计划；

——确认其他相关方的资源支持。

⑤编制天然气处理装置启动前安全检查清单。

⑥启动前安全检查分为文件审查和现场检查。启动前安全检查组员应根据任务分工，依据检查清单进行检查并形成书面记录。

⑦完成启动前安全检查清单的所有项目后，各组员汇报检查过程中发现的问题，审议并将其分为必改项、待改项，形成启动前安全检查综合报告，确认启动前或启动后应完成的整改项目、整改时间和责任人。

⑧所有必改项整改完成后，启动前安全检查组长将检查报告移交给单位主管领导。根

据项目(施工)管理权限，由相应责任人审查并批准启动。项目(施工)启动后，启动前安全检查组长和单位主管领导应跟踪启动前安全检查待改项，检查其整改结果。

⑨文件整理：对于涉及变更的整改项，应将相关图纸、设计文件等进行更新并归档。待改项整改完成后，形成书面记录，与启动前安全检查清单、综合报告一并归档。

(2)置换前，装置区消防器材必须配备到位。

(3)置换时排放尽最大可能将天然气赶至火炬放空燃烧，减少外排量。打开甩头排放时最远端为第一排放点。

(4)置换过程中，全厂禁火，严禁任何人员携带火种进入装置区。

(5)置换过程中，应使用防爆工具，不得敲击管线和设备。

(6)置换过程中，数据检测时要注意安全，站在上风侧。

(7)充压过程中，无关人员不得进入装置。

6　突发事件应急处理

(1)系统升压做严密性试验时，应投运所有安全阀等设施，严格检查好系统不同压力等级的切断点，防止发生高压串低压现象。若发生串压，应立即停止充压，排查串压点后方可继续升压。

(2)系统升压时，若发生泄漏不可控时，应及时关闭泄漏点前后阀门，启动泄漏事故应急处置方案。

(3)启动大型机组(如冷剂压缩机、贫气压缩机等)时，应严格执行相关操作程序，若出现任何异常情况，应果断停机。

拓展知识阅读推荐：

(1)天然气置换手册，2012，3.

(2)GB 50235—2017《工业金属管道工程施工规范》

(3)GB 50236—2019《现场设备、工业管道焊接工程施工规范》

项目二　主装置停机操作

1　项目简介

该天然气处理厂主装置包括预处理单元、液体分离单元、液体回收单元、乙烷脱碳单元、乙烷脱水单元及压缩机单元六个单元。主装置的停机操作是要将整列装置全部停机，所有设备、管线全部泄压、吹扫、置换，并进行系统隔断，以便于进行检修等相关作业活动。如图5-2-2-1所示。

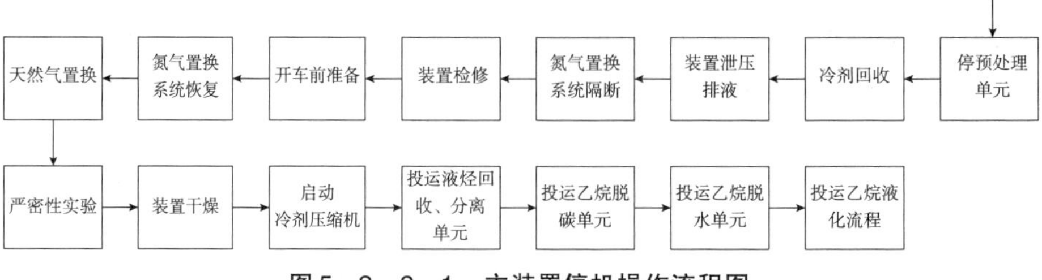

图5-2-2-1　主装置停机操作流程图

2　装置停机前准备

(1)对装置停机方案进行全员培训。

(2)通过厂调度室沟通上下游单位，降产降量，降低装置负荷。

(3)穿防静电工衣、工裤、工鞋，戴好安全帽、手套。

(4)携带防爆F扳手一套、防爆活动扳手一套，报话机等通信设备每组一个。

3　装置停机步骤

3.1　停乙烷液化流程

(1)中控室缓慢关闭乙烷出主冷箱调节阀，逐步降低乙烷进冷箱的流量，直至为0。随后关闭液化乙烷出工艺装置的界区阀。

(2)关闭乙烷脱水单元气态乙烷至主冷箱的紧急截断阀前手动阀门。

(3)打开液态乙烷出冷箱调节阀，同时打开液化乙烷出冷箱的放空阀，将管段内的乙烷进行放空。

(4)注意不得关闭乙烷脱水单元至膨胀机入口流程，防止脱碳单元和脱乙烷塔超压。

3.2　停乙烷脱水单元

(1)外操人员打开再生气加热器导热油流程旁通阀门，关闭温度调节阀。

(2)中控人员将控制程序切换至暂停，待再生塔温度降至50℃左右时，将控制程序切换至停止，中控人员记录各塔运行状态。

(3)外操人员打开乙烷回流罐至贫气压缩机入口手阀及不合格乙烷进贫气压缩机切断阀，导通脱乙烷塔回流罐至贫气压缩机入口流程，关闭乙烷脱水单元至膨胀机入口电动阀门。

(4)关闭乙烷湿气分离器出口至脱水单元的手动阀门。

3.3　停乙烷脱碳单元

3.3.1　热循环

(1)关闭乙烷脱碳单元进口手动阀门，脱碳单元进入热循环。

(2)提高乙烷脱碳单元贫液循环量在85～120m^3/h、半贫液循环量在180～200m^3/h，以提高MDEA再生速度。液位、温度参数按照正常生产时参数控制。

(3)当酸气流量为0后，胺液中酸气已全部解析出来。中控人员关闭酸气分离器出口至尾气回收装置电动阀，切断装置酸气至CO_2尾气压缩机流程，并将酸气分离器出口调压放空阀投自动，设定值为60kPa。

3.3.2　冷循环

(1)缓慢关闭胺液再生塔塔底温度控制阀，控制重沸器降温速率≤30℃/h，当重沸器温度≤60℃时，全关温度控制阀门，装置进入冷循环。

(2)中控人员停酸水回流泵、酸气空冷器。

(3)冷循环过程中，应注意再生塔压力，当再生塔压力低于60kPa时用氮气补充压力，防止再生塔塔内出现负压。

3.3.3　停泵

(1)逐步降低半贫液循环量至最小回流量，按顺序停半贫液循环泵和半贫液增压泵，关闭回流和进出口阀门。

(2)逐步降低贫液循环量至最小回流量，按顺序停贫液循环泵和贫液增压泵，关闭回流和进出口阀门，并停贫液空冷器。

3.4 降负荷复温

3.4.1 降低混合冷剂压缩机负荷

(1)通过调小冷剂增压泵出口凝液至冷箱流量调节阀开度，降低液相冷剂进主冷箱流量，同时调节增压泵出口回流阀开度，保证冷剂增压泵最小流量不低于130m^3/h，逐步降低冷剂压缩机负荷，缓慢复温冷箱，复温速率控制在≤5℃/h。在增压泵出口凝液至主冷箱流量调节阀全关的情况下，停冷剂增压泵。

(2)缓慢关闭主冷箱J-T阀，同步配合开启冷剂压缩机一段防喘阀、二段防喘阀，复温速度控制在≤5℃/h，直至防喘阀全开。

3.4.2 降低贫气压缩机负荷

在冷剂压缩机降负荷的同时，根据脱甲烷塔塔顶和冷箱复温情况，关小天然气进脱甲烷塔J-T阀，同步配合打开贫气压缩机防喘阀，升温速率控制在≤5℃/h。直至装置处理量为0，停运贫气压缩机。

3.4.3 停运脱甲烷塔

(1)当低温分离器液位达到50mm时，关闭低温分离器液相出口调节阀。

(2)缓慢开大侧线增压泵回流调节阀，同时缓慢关小侧线凝液至主冷箱调节阀，保证最小回流≥130m^3/h，待侧线液位达到100mm时，停侧线增压泵。

(3)当脱甲烷塔底液位降低至50mm，缓慢打开塔底增压泵回流调节阀，关闭液位调节阀，停塔底增压泵，切断脱甲烷塔底NGL液烃出口流程。

3.5 分子筛活化

为减少装置开车时间，在停车过程中将分子筛进行活化处理。

(1)关闭预处理单元脱水后进液烃回收电动阀及其旁通手阀，关闭装置区界区入口电动阀及其旁通手阀。

(2)手动控制分子筛切换阀，保持一塔吸附、一塔再生流程对分子筛进行活化。

(3)待四塔全部再生合格后，停运再生气压缩机。

3.6 解冻气复温

(1)导通回流贫气至解冻气流程，利用其余三列装置贫气为装置主冷箱进行复温。

(2)确认回流贫气至脱甲烷塔流程手动阀全开，调节阀及旁通为关闭状态。确认过冷原料气、液化乙烷的解冻气流程手动阀门全开，调节阀及旁通阀为关闭状态。

(3)打开回流贫气至脱甲烷塔流量调节阀，打开解冻气远程控制阀、过冷原料气流量调节阀、液化乙烷流量调节阀，打开复热贫气出冷箱手动放空阀和液化乙烷出冷箱安全阀手动放空阀，对脱甲烷塔及冷箱进行复温。注意控制复温速率不大于5℃/h。复温完成后恢复流程。

3.7 停液烃回收、分离单元

3.7.1 停脱乙烷塔

(1)缓慢调小塔底导热油流程温度控制阀，控制重沸器降温速率≤30℃/h，将脱乙烷塔重沸器导热油切换至旁路流程。

(2)停丙烷压缩机组。

(3)缓慢开大脱乙烷塔回流泵回流调节阀，关小含碳乙烷至脱乙烷塔顶流量调节阀，保证最小回流≥30m^3/h，待回流罐液位达到100mm时，停脱乙烷塔回流泵。

(4)待脱乙烷塔底液位降低至50mm，关闭脱乙烷塔液位调节阀，切断脱乙烷塔至液化气塔流程。

3.7.2 停液化气塔

(1)缓慢调小塔底导热油流程温度控制阀，控制重沸器降温速率≤30℃/h，将液化气塔重沸器导热油切换至旁路流程。

(2)缓慢开大液化气塔回流泵回流量调节阀，关小液化气回流泵流量调节阀，保证最小回流≥24m^3/h，待回流罐液位达到100mm时，停液化气回流泵，同时关闭液化气至罐区调节阀，切断液化气至罐区流程，停液化气塔空冷器。

(3)待液化气塔底液位降低至50mm，关闭稳定轻烃至罐区调节阀，切断稳定轻烃至罐区流程。

3.8 停预处理单元

(1)待分子筛活化完成后，将预处理装置程控程序切换至停止。关闭脱汞塔进出口阀门及脱水塔进出口阀。

(2)停再生气空冷器、再生气压缩机，并将压缩机组内压力放空至火炬。

3.9 冷剂回收

关闭冷剂压缩机出口阀，打开冷剂压缩机出口至冷剂回收罐手阀，冷剂压缩机缓慢加载，待冷剂压缩机出口压力达到3.0MPa或进口压力小于0.2MPa时，关闭冷剂压缩机出口至冷剂回收罐手阀，停运冷剂压缩机。

3.10 装置泄压排液

3.10.1 预处理单元

(1)确认关闭预处理单元入口电动阀及其旁通手阀、预处理装置进液烃回收单元电动阀及其旁通手阀、回流贫气至预处理再生气流程手动阀门、再生气出装置区手动阀。分子筛切换阀及其余手动阀门、电动阀保持导通状态。打开前置粉尘过滤器和脱水粉尘过滤器手动放空阀门，直至泄放至0.5MPa。

(2)打开再生气分离器液位调节阀，将再生气分离器液相排入放空分液罐。打开放空分液罐液位调节阀前甩头，将放空分液罐液相排空。

(3)待再生气分离器、前置粉尘过滤器、脱汞粉尘过滤器液位排至0后，装置泄压至0。

3.10.2 液烃回收单元

(1)脱甲烷塔。

①确认关闭预处理单元进液烃回收单元电动阀门及其旁通手阀，关闭脱甲烷塔底液位调节阀。

②导通低温分离器气相至脱甲烷塔流程、过冷原料气至脱甲烷塔流程、侧线泵流程及侧线泵最小回流线和回流贫气进脱甲烷塔流程。

③打开低温分离器气相手动放空阀门，泄压至0.5MPa。打开低温分离器排污手阀，将低温分离器液烃排空。

④打开脱甲烷塔塔底排污手阀，将脱甲烷塔底液烃排空。

⑤打开脱甲烷塔底增压泵进出口排污手动阀门，将塔底增压泵进出口液烃排空。打开

脱甲烷塔侧线增压泵进出口手动排污阀门，将侧线泵进出口液烃排空。

（2）脱乙烷塔。

①确认含碳乙烷气进乙烷脱碳装置手阀、含碳乙烷进贫气压缩机手阀、脱乙烷塔底液位调节阀处于关闭状态。

②打开脱乙烷塔塔顶手动放空阀进行泄压，直至压力泄放至0.5MPa。打开脱乙烷塔排污阀，将脱乙烷塔底烃液排空。

③打开脱乙烷塔回流罐排污阀，将乙烷塔回流罐底液烃排空。

④打开乙烷回流泵进出口排污阀，将乙烷回流泵进出口液烃排空。

（3）待液烃回收单元各塔器、泵等液位排至0后，装置泄压至0。

3.10.3　液烃分离单元

（1）确认液化气出装置界区阀、稳定轻烃出装置界区阀、液化气不凝气至燃料气区界区阀、液化气不凝气放空调节阀及前后手阀旁通阀、不合格液化气界区阀关闭。

（2）打开液化气塔回流罐气相手动放空阀门，将液化气塔泄压至0.5MPa。

（3）打开液化气塔底排污阀，将液化气塔底液烃排空。打开液化气塔回流罐排污阀，将液化气塔回流罐底液烃排空。打开液化气回流泵进出口排污阀，将液化气回流泵进出口液烃排空。打开稳定轻烃水冷器出口排污阀，将塔底管线至界区阀之间稳定轻烃排空。

（4）待液烃分离单元各塔器、泵等液位排至0后，装置泄压至0。

3.10.4　乙烷脱碳单元

（1）确认含碳乙烷气进乙烷脱碳装置手阀、乙烷湿气分离器液位调节阀、乙烷脱碳塔塔底液位调节阀、乙烷湿气分离器气相至乙烷脱水单元手阀、富液闪蒸罐液位调节阀、酸气分离器液位调节阀、酸气至尾气压缩机电动阀门处于关闭状态。

（2）打开乙烷湿气分离器手动放空阀，对乙烷脱碳塔泄压，直至泄放至0。打开富液闪蒸罐手动放空阀，对闪蒸罐进行泄压，直至泄放至0。打开酸气放空阀对再生塔进行泄压，直至泄放至0。

3.10.5　乙烷脱水单元

（1）确认乙烷脱碳至乙烷脱水单元手阀、含碳乙烷进乙烷脱水单元手阀、乙烷外输界区阀、不合格乙烷至膨胀机增压端电动阀、液态乙烷至乙烷储罐界区阀处于关闭状态。

（2）打开乙烷脱水单元再生气分离器手动放空阀门，对乙烷脱水单元进行泄压，直至泄放至0.5MPa。将再生气分离器液相排至放空分液罐。

（3）待乙烷脱水单元各容器液位排至0后，装置泄压至0。

3.10.6　贫气压缩机单元

（1）确认贫气压缩机进口电动阀门及其旁通阀、贫气压缩机出口电动阀及其旁通阀门、贫气压缩机出口密封气两道手动阀门、贫气压缩机外引密封气两道手动阀门为关闭状态。

（2）打开回流贫气手动放空阀门，对压缩机组及回流贫气管线进行泄压，直至0。

3.10.7　冷剂系统

（1）确认冷剂压缩机进口切断阀、出口切断阀、甲烷补充界区阀、乙烯补充界区阀、丙烷补充界区阀、异丁烷补充界区阀、冷剂缓冲罐至冷剂压缩机入口管线两道阀门、冷剂压缩机出口至冷剂缓冲罐两道阀门处于关闭状态。

（2）打开冷剂分离器气相手动放空阀门，对系统进行泄压，打开冷剂分离器液相排污阀门，将冷剂分离器液位排空。打开冷剂增压泵排污阀门，将冷剂增压泵液位排空。打开冷箱冷剂排污阀门，将冷箱冷剂排空。

(3)打开压缩机出口手动放空阀门，对压缩机组进行泄压，直至泄压至0。打开冷剂汇管高压端手阀，通过压缩机出口手动放空阀门，对冷剂汇管进行泄压，直至泄压至0。打开冷剂缓冲罐手动放空，对冷剂缓冲罐进行泄压，直至泄压至0。

3.11　氮气置换、系统隔断

3.11.1　预处理单元

(1)确认进装置电动阀及其旁通、预处理装置进液烃回收单元电动阀及其旁通手阀、回流贫气至预处理再生气流程手动阀门、再生气放空分液罐底部液位调节阀及旁通、再生气出装置界区阀门处于关闭状态。

(2)打开脱水塔所有顺控阀，导通脱汞塔前置粉尘过滤器至脱水塔粉尘过滤器和再生气流程。

(3)用软管将氮气接入前置粉尘过滤器出口的氮气置换口，将氮气引入系统，打开脱水粉尘过滤器出口手动放空阀门，将氮气排放至低压放空系统。系统充排3次后，依次在再生气放空分液罐底部液位调节阀前甩头、再生气流量调节阀后甩头、再生气换热器至再生气空冷器管线排污甩头、脱水粉尘过滤器后紧急放空阀前甩头、再生气压缩机进口排污甩头处进行氮气排放检测，检测排放口可燃气含量小于0.5%时为合格。检测合格后关闭检测点。

(4)氮气置换合格后预处理单元充压至0.5MPa，关闭脱汞塔、脱水塔各进出口阀。

(5)氮气置换完成后进行系统隔断。

①确认关闭集配气区相应旋风分离器进出口电动阀，断电并将电动阀控制旋钮旋至停止位。

②确认关闭原料气界区阀及旁通手阀，断电并将电动阀控制旋钮旋至停止位。

③确认关闭前置粉尘过滤器进口阀及旁通手阀，断电并将电动阀控制旋钮旋至停止位。

④确认关闭前置粉尘过滤器出口电动阀及旁通电动阀，断电并将电动阀控制旋钮旋至停止位。

⑤确认关闭脱汞塔进口阀，打开前置粉尘过滤器安全阀手动放空阀。

⑥确认再生气外输界区阀关闭，再生气压缩机进口阀、出口阀、旁通阀关闭，打开再生气压缩机手动放空阀。

⑦关闭回收气管线阀门，隔断加盲板。

3.11.2　液烃回收装置

(1)确认预处理装置进液烃回收单元电动阀门及其旁通手阀、含碳乙烷气进乙烷脱碳装置手阀、含碳乙烷进贫气压缩机手阀、含碳乙烷气至乙烷脱水单元手阀、脱乙烷塔底液位调节阀关闭。

(2)导通低温分离器至脱甲烷塔流程，导通脱甲烷塔至脱乙烷塔流程，导通侧线流程，导通过冷气至脱甲烷塔流程，导通回流贫气至脱甲烷塔流程。

(3)用软管将氮气连接至脱乙烷塔底液烃出口管线氮气置换口上，将氮气引入系统。打开低温分离器手动放空阀门进行氮气排放，打开复热贫气手动放空阀门进行氮气排放，打开乙烷回流罐手动放空阀门进行氮气排放，系统充排3次。

(4)将膨胀机膨胀端进口切断阀上游的排污甩头、J－T阀上游的排污甩头、低温分离器气相管线放空甩头、低温分离器液相调节阀的排污甩头、低温分离器温度调节阀上游的排污甩头、过冷气温度调节阀上游的排污甩头、过冷气流量调节阀的排污甩头、回流贫气流量调节阀的排污甩头、脱甲烷塔底部的排污甩头、复热贫气放空调节阀上游的放空甩头、膨胀机膨胀端出口电动阀下游的排污甩头作为氮气排放检测点。

(5)将侧线增压泵进出口管线上的排污甩头、侧线液位调节阀的排污甩头、侧线增压泵最小回流调节阀的排污甩头、脱甲烷塔底增压泵安全阀前放空阀甩头、回流贫气水冷器进出口管线上的放空甩头、回流贫气进重沸器前安全阀上游的放空甩头、液化乙烷解冻气放空甩头、高压冷剂解冻气放空甩头、过冷原料气解冻气放空甩头、脱甲烷塔底增压泵进出口管线上的排污甩头、脱甲烷塔液位调节阀的排污甩头、脱甲烷塔底增压泵最小回流调节阀的排污甩头作为排放检测点。

(6)将脱乙烷塔进料换热器出口管线上的放空甩头、脱乙烷塔再沸器入口管线的排污甩头、脱乙烷塔液位调节阀的排污甩头、乙烷回流罐出口调节阀的排污甩头、乙烷回流罐定压放空调节阀的排污甩头、脱乙烷塔回流泵进出口管线上的排污甩头、脱乙烷塔回流泵流量调节阀的排污甩头、脱乙烷塔回流泵最小回流调节阀的排污甩头作为排放检测点，检测排放口可燃气含量小于0.5%时为合格。

(7)氮气置换完成后进行系统隔断。确认关闭液化乙烷出装置界区阀门，隔断加盲板。

3.11.3　液烃分离装置

(1)确认液化气出装置界区阀、稳定轻烃出装置界区阀、液化气不凝气至燃料气区界区阀、液化气不凝气放空调节阀及前后手阀、旁通阀、不合格液化气进装置界区阀。

(2)将液化气塔再沸器入口管线的排污甩头、液化气塔顶回流泵流量调节阀的排污甩头、液化气空冷器的排污甩头、液化气塔平衡气至回流罐压力调节阀的排污甩头、液化气不凝气放空调节阀的排污甩头、液化气不凝气至燃料气区调节阀的排污甩头、液化气回流泵进出口管线上的排污甩头、稳定轻烃水冷器进口排污甩头、液化气水冷器进出口排污甩头、液化气回流罐液位调节阀的排污甩头作为氮气排放检测点，检测排放口可燃气含量小于0.5%时为合格。

(3)用软管将氮气连接至脱液化气塔底液烃出口管线氮气置换口上，将置换氮气导入液化气塔，打开液化气回流罐至放空管线调节阀及前后阀进行氮气排放。系统充排3次。

(4)氮气置换完成后进行系统隔断。

罐区来不合格液化气界区阀关闭加盲板，不凝气至燃料气区界区阀关闭加盲板，液化气界区阀关闭加盲板，稳定轻烃界区阀关闭加盲板。

3.11.4　贫气压缩机

(1)确认贫气压缩机进口电动阀门及其旁通阀、贫气压缩机出口及其旁通阀门、回流贫气出口电动阀、贫气压缩机出口密封气两道手动阀门、贫气压缩机外引密封气两道手动阀门处于关闭状态。

(2)用软管将氮气连接至压缩机入口氮气置换口上，将氮气引入系统。打开压缩机出口手动放空阀门，将氮气排放至低压放空系统，系统充排3次。将压缩机出口氮气置换口作为检测点，检测排放口可燃气含量小于0.5%时为合格。

(3)打开压缩机出口密封气阀门，分别在干气密封盘各压力表考克处做排放检测，检测合格后关闭阀门。

(4)氮气置换完成后进行系统隔断。

关闭贫气压缩机外引密封气两道手动阀门，将盲板导至盲断状态。

关闭贫气压缩机进口电动阀、出口电动阀、回流贫气电动阀，打开出口单向阀前甩头。

3.11.5 冷剂系统

(1)确认乙烯冷剂补充阀、丙烷冷剂补充阀、异丁烷冷剂补充阀、甲烷冷剂补充阀、高压气相冷剂解冻气手动阀门处于关闭状态。确认冷剂缓冲罐的氮气管线处于关闭状态。确认其余三列至冷剂回收总管流程处于关闭状态。

(2)关闭压缩机干气密封低压氮气入口截断阀，打开压缩机出口至干气密封入口截断阀，关闭至低压火炬截断阀，打开干气密封至压缩机驱动端和非驱动端管路所有阀门。

(3)打开冷剂缓冲罐进冷剂压缩机进口两道阀门，打开冷剂压缩机出口至冷剂缓冲罐两道阀门。检查确认冷剂压缩机→脱乙烷塔进料换热器→冷剂水冷器→脱甲烷塔塔底重沸器→冷剂分离器→冷箱→冷剂压缩机流程全部导通。检查确认冷剂分离器→冷剂增压泵→冷剂缓冲罐→冷剂压缩机流程全部导通。

(4)导通冷剂增压泵氮气充压流程，将冷剂系统充压至0.3MPa，打开冷剂压缩机出口手动放空阀门进行氮气排放，充排三次。将冷箱冷剂管路排污甩头、冷剂分离器安全阀甩头、液位计排污甩头、冷剂增压泵进出口排污甩头、冷剂缓冲罐安全阀甩头、冷剂缓冲罐底部排污甩头、一级入口分离器安全阀甩头、一级入口分离器底部排污甩头、二级入口分离器安全阀甩头、二级入口分离器底部排污甩头、末级分离器安全阀甩头、末级分离器底部排污甩头作为氮气排放检测点，检测排放口可燃气含量小于0.5%时为合格。

(5)氮气置换完成后进行系统隔断。

关闭冷剂甲烷补充界区阀加盲板，关闭冷剂乙烯补充界区阀加盲板，关闭冷剂丙烷补充界区阀加盲板，关闭冷剂异丁烷补充界区阀加盲板，关闭与其他列冷剂回收总管阀。

3.11.6 乙烷脱碳单元

(1)脱碳流程。

①确认乙烷湿气分离器液位调节阀、乙烷湿气分离器气相至乙烷脱水单元手阀处于关闭状态。

②导通含碳乙烷气进乙烷脱碳装置流程，将系统整体充压至0.3MPa，打开乙烷湿气分离器手动放空阀门进行氮气排放，充排三次。

③打开湿净化气分离器放空阀前甩头进行排放检测，检测排放口可燃气含量小于0.5%时为合格。

(2)再生流程。

①确认关闭酸气分离器出口放空管线电动阀、酸气放空界区阀，关闭酸气分离器出口电动阀，断电并将电动阀控制旋钮旋至停止位，切断酸气至CO_2压缩机流程。

②导通酸气空冷器氮气流程，将胺液再生塔及酸气分离器充压至0.3MPa，打开酸气分离器压力调节阀进行氮气排放，充排三次。

③打开酸气分离器安全阀前甩头进行排放检测，检测排放口氧含量小于2%时为合格。

（3）氮气置换完成后进行系统隔断。

关闭酸气分离器出口放空管线电动阀、酸气放空界区阀，关闭酸气分离器出口电动阀，断电并将电动阀控制旋钮旋至停止位，切断酸气至 CO_2 压缩机流程。

3.11.7　乙烷脱水单元

（1）确认乙烷脱碳至乙烷脱水单元手阀、含碳乙烷进乙烷脱水单元手阀、乙烷外输界区阀、不合格乙烷至膨胀机增压端电动阀、液态乙烷至乙烷储罐界区阀处于关闭状态。

（2）导通含碳乙烷进乙烷脱水单元手阀，将氮气引入乙烷脱水单元，充压至 0.3MPa，打开再生气分离器手动放空进行放空，充排 3 次。依次打开前置过滤器、脱水塔设备排污甩头、液位计排放甩头进行排放检测，检测排放口可燃气含量小于 0.5% 时为合格。氮气置换合格后乙烷脱水单元充压至 0.5MPa，关闭脱水塔各进出口阀。

（3）氮气置换完成后进行系统隔断。

关闭乙烷外输界区阀，将盲板导至盲断状态。

3.11.8　其他

（1）关闭常温低位罐界区阀加盲板。

（2）关闭低温低位罐界区阀加盲板。

4　操作要点

（1）停贫气压缩机过程监测脱甲烷塔塔底液相出口温度，若温度低于 －10℃ 时，立刻关闭塔底液相出口切断阀和脱甲烷塔至脱甲烷塔塔底重沸器切断阀，防止脱甲烷塔重沸器温度过低。

（2）中控注意监控液态乙烷通道升温速率和压力变化，当压力达到 3.0MPa 时，通过其手动放空阀进行泄压。

（3）置换过程中的技术要求：

①合理选择设备、管线置换介质的进入点和排出点，防止出现死角，并保证排出场地的安全。

②用氮气置换天然气时，末端检测点检测可燃气体含量低于爆炸下限的 10% 以下为合格（置换用氮气含量大于 98%）。

③用氮气置换空气时，末端检测点检测氧气体积百分比小于 2%（置换用氮气含量大于 98%）为合格。

（4）吹扫过程的技术要求：

①吹扫时气体在管线中的流速应大于 20m/s。

②管线吹扫出的脏物不得进入设备。

③吹扫气体经过阀门和其他设备时，必须确保不损坏设备各部件。

④系统中的仪表在吹扫时应加以保护。

5　安全注意事项

（1）停车过程严格按照本方案执行。

（2）如遇事故，操作人员严格按应急预案中要求的措施处理，并及时向上级汇报。

（3）停车过程中要防止中控与现场配合不到位造成管线憋压、天然气泄漏、火灾爆炸等事故以及设备本体、阀门及管线法兰连接处因超压引发的泄漏。

（4）停车时，防止设备超温、超压，现场人员要加强巡回检查，及时处理。

(5)对参加停车作业人员进行技术培训，掌握本方案所编写的内容，使参加停车作业人员能熟练掌握工艺装置工艺流程及停车步骤。

(6)对操作人员进行安全教育及应急预案培训，使操作人员在现场作业过程中平稳操作，一旦出现险情能有序进入应急程序。

(7)现场人员到位，工具准备齐全。

6 突发事件应急处理

(1)在降负荷复温过程中，要注意防止管线憋压，保证安全阀、定压空系统正常投运，若出现超压现象，及时打开放空阀进行泄压放空。

(2)系统泄压排液时，要注意防止出现泄漏，若发生泄漏不可控时，应及时关闭泄漏点前后阀门，启动泄漏事故应急处置方案。

拓展知识阅读推荐：

潘文群. 化工分离技术. 化学工业出版社，2015，1.

思考题

1. 如何判断冷箱内发生冻堵，冻堵后需要采取哪些措施？

答：(1)出现冻堵的判断：

在装置投料试车前，由于各管线吹扫、干燥不彻底，或者在装置停电停运后重新开机时参数调整不当，及装置运行几年以后各物料分子筛的脱水效果变差，可能会造成冷箱冻堵。冻堵开始时冷箱压差开始增加，随着进出冷箱的压差不断增加，各物料的换热效果变差，需要升温的冷物料出冷箱温度下降，需要冷却的物料出冷箱的温度升高，物料的流通量下降，最终影响产品的质量和收率，影响装置的正常运行。

(2)冻堵后解决的办法：

易发生冻堵的物料主要是：A 股物料(原料气)、D 股物料(预冷原料气)、E 股物料(高压混合冷剂)、G 股物料(脱碳脱水乙烷)。

①A 股物料(原料气)。启动甲醇泵加注甲醇化冻，冻堵解决后恢复流程；

②D 股物料(预冷原料气)。关闭预冷原料气解冻气注入点之前的阀门(如果没有阀门截断只能停机解冻)，导通解冻气进预冷原料气流程，解冻后恢复流程；

③关闭高压气、液混合冷剂解冻气注入点之前的阀门，导通解冻气进高压混合冷剂流程，解冻后恢复生产；

④G 股物料(脱碳脱水乙烷)。关闭乙烷解冻气注入点之前的阀门，导通解冻气进乙烷管线流程，解冻后恢复生产；各物流解冻后如果再次冻堵，需查明水露点升高的原因，采取合适的办法，彻底解决。

2. 在开机过程中，中控室操作人员发现 CO_2 分析数值持续上升，再生塔塔底温度为130℃左右，系统压力偏高于运行压力，脱碳系统液位基本处于平衡状态，通过吸收塔底取样发现样品中有泡沫(泡沫消除时间大于30s)，颜色发红，检测 MDEA 浓度为55%，请根据中控数据和现场情况分析原因并写出解决方法。

答：首先通知化验室人员加密取样，如 CO_2 分析数值确实升高。

(1)MDEA 中有液烃可使 MDEA 发泡，降低了 MDEA 脱碳效果，说明 MDEA 溶液中有降解产物或机械杂质，可做以下调整：①加大溶液过滤流量，除去一些易使 MDEA 发泡的机械杂质；②可加入适量的消泡剂。

(2)MDEA浓度过高时溶液易发泡，而且碱性大腐蚀性高，不利于设备的安全运行，可加入适量的脱盐水，浓度一般控制在40%～50%。

(3)取样显示红色，说明MDEA溶液发生热降解产生部分热稳定盐，降低了MDEA活性，减弱了MDEA脱碳的能力，结合中控显示的数据，可做以下调整：

①适当降低再生塔塔底热负荷以降低再生塔塔底温度；②可根据装置处理量适当降低贫胺溶液进脱碳塔的量，使脱碳系统的胺液循环量降低，在贫胺冷却器冷水循环量不变的情况下，脱碳系统整体温度会下降，把再生塔底温控制在115℃左右。

调整过程是一个缓慢的过程，注意系统的平衡。

3. 丙烷压缩机异常停机后的应急处置措施有哪些？

(1)立刻通知调度。

(2)通知外操人员到现场确认，是否可以重启丙烷压缩机。

(3)减小脱乙烷塔底导热油流量，降低塔底温度。

(4)根据回流罐液位调整回流量。当回流罐液位持续下降，液位接近回流罐低限时，及时通知外操停乙烷回流泵。

(5)注意观察液化气塔压力，若塔压过高，导通不凝气至燃料气流程或放空流程。

(6)观察乙烷脱碳单元是否有发泡，如出现液位紊乱，及时通知脱碳外操加注消泡剂。

(7)若丙烷压缩机无法启动，导通不合格气流程。

(8)将乙烷脱水单元由运行切换至停止，关闭导热油调节阀，脱碳单元保压运行。

附录　轻烃回收装置操作岗技能操作学习地图

职位层级	工作职责	能力要求	学习内容模块	学习导航
初级工	1.1　负责粉尘过滤器的操作	1.1.1　具备投运粉尘过滤器的能力	1.1.1.1　粉尘过滤器投运	1-1-2
		1.1.2　具备停运粉尘过滤器的能力	1.1.2.1　粉尘过滤器停运	1-1-3
	1.2　负责脱汞塔的操作	1.2.1　具备投运脱汞塔的能力	1.2.1.1　脱汞塔投运	1-1-4
		1.2.2　具备停运脱汞塔的能力	1.2.2.1　脱汞塔停运	1-1-5
	1.3　负责水冷器的操作	1.3.1　具备投运水冷器的能力	1.3.1.1　水冷器投运	2-1-14
		1.3.2　具备停运水冷器的能力	1.3.2.1　水冷器停运	2-1-15
	1.4　负责干燥塔的操作	1.4.1　具备投运干燥塔的能力	1.4.1.1　干燥塔投运	1-1-6
		1.4.2　具备停运干燥塔的能力	1.4.2.1　干燥塔停运	1-1-7
	1.5　负责换热器的操作	1.5.1　具备投运换热器的能力	1.5.1.1　换热器投运	2-1-18
		1.5.2　具备停运换热器的能力	1.5.2.1　换热器停运	2-1-19
	1.6　负责低温分离器的操作	1.6.1　具备投运低温分离器的能力	1.6.1.1　低温分离器投运	2-1-2
		1.6.2　具备停运低温分离器的能力	1.6.2.1　低温分离器停运	2-1-3
	1.7　负责屏蔽泵的操作	1.7.1　具备启运脱甲烷塔塔底泵的能力	1.7.1.1　脱甲烷塔塔底泵启机	2-2-3
		1.7.2　具备停运脱甲烷塔塔底泵的能力	1.7.2.1　脱甲烷塔塔底泵停机	2-2-4
		1.7.3　具备启运侧线泵的能力	1.7.3.1　侧线泵启机	2-2-5
		1.7.4　具备停运侧线泵的能力	1.7.4.1　侧线泵停机	2-2-6
		1.7.5　具备启运乙烷回流泵的能力	1.7.5.1　乙烷回流泵启机	2-2-7
		1.7.6　具备停运乙烷回流泵的能力	1.7.6.1　乙烷回流泵停机	2-2-8
		1.7.7　具备启运液化气回流泵的能力	1.7.7.1　脱液化气回流泵启机	2-2-9
		1.7.8　具备停运液化气回流泵的能力	1.7.8.1　脱液化气回流泵停机	2-2-10
	1.8　负责离心泵的操作	1.8.1　具备启运贫液增压泵的能力	1.8.1.1　贫液增压泵启机	3-2-1
		1.8.2　具备停运贫液增压泵的能力	1.8.2.1　贫液增压泵停机	3-2-2
		1.8.3　具备启运贫液循环泵的能力	1.8.3.1　贫液循环泵启机	3-2-3
		1.8.4　具备停运贫液循环泵的能力	1.8.4.1　贫液循环泵停机	3-2-4
		1.8.5　具备启运半贫液增压泵的能力	1.8.5.1　半贫液增压泵启机	3-2-5
		1.8.6　具备停运半贫液增压泵的能力	1.8.6.1　半贫液增压泵停机	3-2-6
		1.8.7　具备启运半贫液循环泵的能力	1.8.7.1　半贫液循环泵启机	3-2-7
		1.8.8　具备停运半贫液循环泵的能力	1.8.8.1　半贫液循环泵停机	3-2-8
	1.9　负责液化气塔空冷器的操作	1.9.1　具备启运液化气塔空冷器的能力	1.9.1.1　液化气塔空冷器启机	2-2-11
		1.9.2　具备停运液化气塔空冷器的能力	1.9.2.1　液化气塔空冷器停机	2-2-12

续表

职位层级	工作职责	能力要求	学习内容模块	学习导航
中级工	2.1 负责精馏塔的操作	2.1.1 具备投运脱甲烷塔的能力	2.1.1.1 脱甲烷塔投运	2-1-8
		2.1.2 具备停运脱甲烷塔的能力	2.1.2.1 脱甲烷塔停运	2-1-9
		2.1.3 具备投运脱乙烷塔的能力	2.1.3.1 脱乙烷塔投运	2-1-10
		2.1.4 具备停运脱乙烷塔的能力	2.1.4.1 脱乙烷塔停运	2-1-11
		2.1.5 具备投运液化气塔的能力	2.1.5.1 液化气塔投运	2-1-12
		2.1.6 具备停运液化气塔的能力	2.1.6.1 液化气塔停运	2-1-13
	2.2 负责脱甲烷塔重沸器的操作	2.2.1 具备投运脱甲烷塔重沸器的能力	2.2.1.1 脱甲烷塔重沸器投运	2-1-6
		2.2.2 具备停运脱甲烷塔重沸器的能力	2.2.2.1 脱甲烷塔重沸器停运	2-1-7
	2.3 负责脱乙烷塔塔底重沸器的操作	2.3.1 具备投运脱乙烷塔塔底重沸器的能力	2.3.1.1 脱乙烷塔塔底重沸器投运	2-1-16
		2.3.2 具备停运脱乙烷塔底重沸器的能力	2.3.2.1 脱乙烷塔塔底重沸器停运	2-1-17
	2.4 负责冷箱的操作	2.4.1 具备投运冷箱的能力	2.4.1.1 冷箱投运	2-1-4
		2.4.2 具备停运冷箱的能力	2.4.2.1 冷箱停运	2-1-5
	2.5 负责再生气压缩机的操作	2.5.1 具备启运再生气压缩机的能力	2.5.1.1 再生气压缩机启机	1-2-1
		2.5.2 具备停运再生气压缩机的能力	2.5.2.1 再生气压缩机停机	1-2-2
	2.6 负责膨胀机的操作	2.6.1 具备启动膨胀机的能力	2.6.1.1 膨胀机启机	2-2-1
		2.6.2 具备停运膨胀机的能力	2.6.2.1 膨胀机停机	2-2-2
	2.7 负责胺液吸收塔的操作	2.7.1 具备投运吸收塔的能力	2.7.1.1 吸收塔投运	3-1-1
		2.7.2 具备停运吸收塔的能力	2.7.2.1 吸收塔停运	3-1-2
	2.8 负责胺液再生塔的操作	2.8.1 具备投运再生塔的能力	2.8.1.1 再生塔投运	3-1-1
		2.8.2 具备停运再生塔的能力	2.8.2.1 再生塔停运	3-1-2
	2.9 负责乙烷脱水装置的操作	2.9.1 具备投运脱水装置的能力	2.9.1.1 脱水橇投运	3-1-3
		2.9.2 具备停运脱水装置的能力	2.9.2.1 脱水橇停运	3-1-4
高级工	3.1 负责贫气压缩机的操作	3.1.1 具备启动贫气压缩机的能力	3.1.1.1 贫气压缩机启机	4-1-1
		3.1.2 具备停运贫气压缩机的能力	3.1.2.1 贫气压缩机停机	4-1-2
	3.2 负责冷剂压缩机的操作	3.2.1 具备启动冷剂压缩机的能力	3.2.1.1 冷剂压缩机启机	4-2-1
		3.2.2 具备停运冷剂压缩机的能力	3.2.2.1 冷剂压缩机停机	4-2-2
	3.3 负责丙烷压缩机的操作	3.3.1 具备启动丙烷压缩机的能力	3.3.1.1 丙烷压缩机启机	4-3-1
		3.3.2 具备停运丙烷压缩机的能力	3.3.2.1 丙烷压缩机停机	4-3-2
	3.4 负责尾气压缩机的操作	3.4.1 具备启动尾气压缩机的能力	3.4.1.1 尾气压缩机启机	4-4-1
		3.4.2 具备停运尾气压缩机的能力	3.4.2.1 尾气压缩机停机	4-4-2
	3.5 负责 BOG 压缩机的操作	3.5.1 具备启动 BOG 压缩机的能力	3.5.1.1 BOG 压缩机启机	4-5-1
		3.5.2 具备停运 BOG 压缩机的能力	3.5.2.1 BOG 压缩机停机	4-5-2

续表

职位层级	工作职责	能力要求	学习内容模块	学习导航
高级工	3.6　负责辅助装置的开机操作	3.6.1　具备投运取还气线的能力	3.6.1.1　取还气管线投运	5-1-1
		3.6.2　具备投运配气及清管区的能力	3.6.2.1　配气及清管区投运	
		3.6.3　具备投运燃料气系统的能力	3.6.3.1　燃料气系统投运	
		3.6.4　具备投运循环水系统的能力	3.6.4.1　循环水系统投运	
		3.6.5　具备投运供热系统的能力	3.6.5.1　供热系统投运	
		3.6.6　具备投运储运系统的能力	3.6.6.1　储运系统投运	
		3.6.7　具备投运蒸汽系统的能力	3.6.7.1　蒸汽系统投运	
		3.6.8　具备投运乙烷低温储罐的能力	3.6.8.1　乙烷低温罐投运	
		3.6.9　具备投运装卸车系统的能力	3.6.9.1　装卸车系统投运	
	3.7　负责辅助装置的停机操作	3.7.1　具备停运集气区装置的能力	3.7.1.1　集气区停运	5-1-2
		3.7.2　具备停运配气及清管区装置的能力	3.7.2.1　配气及清管区停运	
		3.7.3　具备停运 BOG 增压装置的能力	3.7.3.1　BOG 增压装置停运	
		3.7.4　具备停运循环水系统的能力	3.7.4.1　循环水系统停运	
		3.7.5　具备停运供热系统的能力	3.7.5.1　供热系统停运	
		3.7.6　具备停运火炬及放空系统的能力	3.7.6.1　火炬及放空系统停运	
	3.8　负责主装置的开机操作	3.8.1　具备氮气置换、系统恢复的能力	3.8.1.1　氮气置换、系统恢复	5-2-1
		3.8.2　具备天然气置换的能力	3.8.2.1　天然气置换	
		3.8.3　具备进行严密性试验的能力	3.8.3.1　严密性试验	
		3.8.4　具备装置干燥的能力	3.8.4.1　装置干燥	
		3.8.5　具备启动冷剂压缩机的能力	3.8.5.1　启动冷剂压缩机	
		3.8.6　具备投运液烃回收、分离单元的能力	3.8.6.1　投运液烃回收、分离单元	
		3.8.7　具备投运乙烷脱碳单元的能力	3.8.7.1　投运乙烷脱碳单元	
		3.8.8　具备投运乙烷脱水单元的能力	3.8.8.1　投运乙烷脱水单元	
		3.8.9　具备投运乙烷液化流程的能力	3.8.9.1　投运乙烷液化流程	
	3.9　负责主装置的停机操作	3.9.1　具备停乙烷液化流程的能力	3.9.1.1　停乙烷液化流程	5-2-2
		3.9.2　具备停乙烷脱水单元的能力	3.9.2.1　停乙烷脱水单元	
		3.9.3　具备停乙烷脱碳单元的能力	3.9.3.1　停乙烷脱碳单元	
		3.9.4　具备降负荷复温的能力	3.9.4.1　降负荷复温	
		3.9.5　具备分子筛活化的能力	3.9.5.1　分子筛活化	
		3.9.6　具备停液烃回收、分离单元的能力	3.9.6.1　停液烃回收、分离单元	
		3.9.7　具备停预处理单元的能力	3.9.7.1　停预处理单元	
		3.9.8　具备冷剂回收的能力	3.9.8.1　冷剂回收	
		3.9.9　具备装置泄压排液的能力	3.9.9.1　装置泄压排液	
		3.9.10　具备氮气置换、系统隔断的能力	3.9.10.1　氮气置换、系统隔断	